区块链、人工智能与财务服务

[美]肖恩·斯坦因·史密斯（Sean Stein Smith） 著

曾雪云 译

机械工业出版社

本书就区块链和人工智能这两项新兴技术对整个大会计行业的泛在影响，刻画了多个相关领域的应用前沿，包括财务服务、会计、审计、控制、税收、银行间结算、证券投资、创业管理、文书管理、数据管理、战略、监管、咨询、专业教育等领域的新动态以及技术变革对未来发展的意义。

　　本书分为两篇。第一篇为写给从业者的定义、概述和信息，包括：前言和引导性信息、不断变化的会计环境、区块链与财务服务的前景、共识机制、稳定币与去中心化组织、人工智能、机器人流程自动化。第二篇为新兴技术在财务服务中的应用及启示，包括：应用总览、新的利基市场、利用技术减少模糊性、内部控制注意事项、对财务服务业的意义及其趋势、AI 与区块链的审计意义、ESG 及更多应用、网络安全与保险、下一阶段的应用、数据资产、晋升为战略顾问、结论与未来发展方向。

　　本书是大众读物，能够帮助财经领域（包括监管机构）的从业人员、高校师生和爱好者理解科技创新下未来会计的工作实质，提升职业理想、学术能力，改进监管方式。

First published in English under the title
Blockchain, Artificial Intelligence and Financial Services: Implications and
Applications for Finance and Accounting Professionals
by Sean Stein Smith
Copyright © Springer Nature Switzerland AG, 2020
This edition has been translated and published under licence from Springer
Nature Switzerland AG.

北京市版权局著作权合同登记　图字：01-2020-6356 号

图书在版编目（CIP）数据

区块链、人工智能与财务服务/（美）肖恩·斯坦因·史密斯（Sean Stein Smith）著；曾雪云译. —北京：机械工业出版社，2022.1
书名原文：Blockchain, Artificial Intelligence and Financial Services: Implications and Applications for Finance and Accounting Professionals
ISBN 978-7-111-70051-7

Ⅰ.①区… Ⅱ.①肖… ②曾… Ⅲ.①区块链技术②人工智能③财务会计 Ⅳ.①TP311.135.9②TP18③F234.4

中国版本图书馆 CIP 数据核字（2022）第 012206 号

机械工业出版社（北京市百万庄大街 22 号　邮政编码 100037）
策划编辑：韩效杰　　　　　　责任编辑：韩效杰　刘　静
责任校对：张亚楠　刘雅娜　　封面设计：王　旭
责任印制：李　昂
北京中兴印刷有限公司印刷
2022 年 3 月第 1 版第 1 次印刷
169mm×239mm·17 印张·238 千字
标准书号：ISBN 978-7-111-70051-7
定价：69.00 元

电话服务　　　　　　　　　　网络服务
客服电话：010-88361066　　机 工 官 网：www.cmpbook.com
　　　　　010-88379833　　机 工 官 博：weibo.com/cmp1952
　　　　　010-68326294　　金 书 网：www.golden-book.com
封底无防伪标均为盗版　机工教育服务网：www.cmpedu.com

译者序

科技进步使许多行业受益，会计是其中之一。作为最古老的数字化活动，会计始终受益于技术工具。对于近十年来新兴技术革命正在引发的大会计行业的潜在变革、挑战与新机遇，无论国内还是国外，已经有了众多的会议和论坛，但相关的书籍却极少。这是一个快速变化和有待观察的新领域，正如作者所言，对它进行概括是很困难的。在这个空白时期，如何描绘新兴技术下会计的当前趋势和未来前景，肖恩博士撰写的本书无疑提供了有力的解释和全面的分析，帮助我们了解国外正在发生的财务服务和会计将去向何方的动态趋势。

国内自 2000 年企业会计制度改革以来，学术圈忙于追赶国际主流，而与实务界稍显偏离，两方面各说各话，各有各的语言体系、特定目标和人才培养方式。现在得益于新兴技术的应用和挑战，教育部已经发出产学研协同育人和融合发展的倡议，并为此制定了一系列行动计划。本书恰逢其时，给了我们弥合的机会。正如书名所写，这是一本致力于区块链、人工智能技术对于财务服务与会计的影响和意义的书。这使我们相信，它将有益于推动当前国内正在大力推行的产学研合作和数字化变革。

译者之所以希望本书能与国内读者见面，还有以下几个方面的考虑，写下来与大家共勉：

其一，本书具有的全面性、系统性、前瞻性，是对新兴技术下财务服务的当前和未来趋势的全面提点，这足以使它列入财经界人士、科研人员、监管者和爱好者的必读书目。它所涉及的范围远超过通常情况下对财务和会计的一般理解，尽管这些领域在学术界和金融界早已存在，但此前没有将它们归拢起来。本书涉及的相关职业和角色，包括财务、会计、审计、鉴证、内部控制、监管、税收、保险、银行间结算、证券投资、新创企业、数据管理、后台、文书、战略顾问、业务伙伴、公司治理、可持续发展整合报告、社会责任报告，以及与此相关的网络安全服务、咨询服务和教育服务等众多宽泛领域。在大会计概念下，新的服务机遇和新的行业形态将蓬勃发展，有些在国内早有讨论，像公司金融和公司治理，有些较少提及，像共益企业、整合报告、ESG、区块链通证和私有链等。面面俱到通常不为学者们所喜爱，但考虑到这是一本大众读物，那么它广泛的涉猎就有了意义，可以增进读者对行业整体的理解。

其二，阅读本书就能领悟信息技术特色下的大会计专业是多么生动和有前途。一直以来，虽然教师在"高级财务会计"的课堂上煞费苦心地讲解会计的宽泛含义和未来职业发展，但多数毕业生依然选择传统的财务工作，而非着眼于金融与资本市场、公司治理以及更宽泛的咨询服务、监管服务、业务支持等财务服务的新领域。更具挑战性的一个现实问题是，非财经院校特别是工科院校的会计专业学生似乎长期处于不自信的状态，教师又隐约感觉到专业存续危机和各方面的挑战。现在，在新兴技术的助力下，工科院校财会类专业的独特价值得以显现，社会各界对我们的需求和期待增加，是时候建立优势去实现自我提升，帮助同行了解、从事、开发、拓展这些技术趋势下的商业场景和职业理想了。在新的趋势下，会计各界都需要更加积极有为，做出明智的选择，前摄性地将技术融入学术研究和实践活动，共同引领行业的发展。

其三，这部著作向我们揭示了这样一个趋势：未来不懂技术就不可能成为财务服务领域的专家和高管。作者力图在人工智能和区块链等新兴技术繁荣的背景下，探索这些技术工具在会计、财务服务、审计、鉴证、保险等众多领域的应用，讨论其对财务服务及从业人员的潜在影响。尽管这将导致商业场景和业务前景的颠覆性改变，因技术替代而引发转型和失业，但这也将为具有前瞻性和主动性的专业人士创造机会。财务从业人员有必要了解这些趋势和力量，但并不需要成为程序员或技术专家，重要的是要接受、应对和利用这些新兴技术工具。作者讨论了这一系列新兴技术在财务服务中的应用和实践问题，为财务与会计从业人员勾勒出未来的技术场景和职业前景，提示出各方面的角色和职责的转变，引发对于这种趋势的持续关注，促使读者为抓住新兴技术下的机会做好充分准备。

其四，本书适合于作为大学双创课程、高新课程和 MPAcc、MBA 等研究生理论课程的教材和读本。尽管它从学术角度看仍有遗憾，但这里不宜用严肃的标准去评判。著作的普遍意义和前瞻性是第一位的。在这个前提下分析本书的学术规范性，术语准确、洞见前沿、直击现实，各章体量相当、素材丰富、内容完整，并且配备了小结、思考题、补充阅读材料和参考文献。全书旨在激起读者对现实的思考和对未来的想象，既有鲜明的问题导向和思辨性，也有知识性和专业性。这些特性使它完全可以直接作为大学专业类课程和专业学位研究生理论课程的教材。传统教材似乎更偏向知识的灌输，理论丰富但枯燥艰涩，较难激起兴趣盎然的阅读和很想一试的创业梦想。引入新式教材，使学生在顺畅的阅读中潜移默化地学习和思考，激起自我探索和求知求新的欲望，致力于寻求新的职业定位和解决重大现实问题，这些都是教育的真谛，本书在实现上述教育理念方面不失为一个好的尝试。

当然，借鉴本书时需要考虑中美两国的监管环境、政策背景、商业场景和文化差异，也需要了解国内禁止发行和交易证券型数字通证的背景。并且我国台湾地区的 20 家银行与国际四大会计师事务所的科技公司合作实施区块链平台，这本身就涉及网络安全。此外，还有译后记提到的细节，也有助于读者的整体把握或解答潜在的疑问。

翻译过程虽有一番辛苦，也不乏愉快。在最后阶段的校译中，随着对原著的理解日益加深，译者越发感觉到会计行业在新兴技术的驱动下大有可为。我们要抓住机遇，提升价值，对国家经济高质量发展和社会可持续发展做出贡献。

本书的翻译得到了很多帮助和支持。这里要特别感谢机械工业出版社高等教育分社韩效杰老师卓有成效的推进、帮助和诸多建议！感谢北京邮电大学人文学院马隽老师的支持，马老师在笔译方面经验丰富，所提建设性意见很好地帮助了译著质量的提升，特此致以诚挚的感谢！感谢 2020 年会计学基础选修课的所有同学，他们是高扬、王香懿、武文锦、王傲朗、梁宇轩、陈泓旭、方泽儒、刘依铭、富诗涵、刁一鸣、胡小蕙、王芝冲、胡若谦等优秀的北京邮电大学学子。译著更凝聚了团队的力量，特别感谢时准博士和徐雪宁、江帆、李雪培、汪瑞、熊春晓、曲扬、张舒铭、黄雷、杜晟、叶滨等硕士研究生，大家都有出色的工作。我们的团队精悍有力、无惧挑战，在科研的小径上攻坚克难、守正出新、谦虚有为。感谢友校王晨伊、葛传路、徐佳、曾笑萍、牛清润等参与校阅。尤为感谢家人和亲友们长期以来的理解和默默支持。

深入著作校译语句，斟酌用词，提升语义准确性、语句可读性和学术规范性，是译者本人无可替代的工作。译者悉心考虑了诸多细节和专业要求，放下课题申请和论文发表等其他紧要事务，着力于此，希望尽可能照顾到各方读者的需求，展示出易读性、可读性以及语言文字的流畅、丰富和专业性。译文难免有疏漏，恳请读者批评指正。任何疑虑和信息，请联系 zengxueyun@bupt.edu.cn。

译　者

目　录

译者序

第一篇　写给从业者的定义、概述和信息

第1章　前言和引导性信息　/ 3

1.1　"泼冷水"　/ 4

1.2　从炒作到实践　/ 5

1.3　为未来做准备　/ 7

1.4　技术视角　/ 9

1.5　数据资产　/ 10

1.6　话题与主题　/ 10

本章小结　/ 14

思考题　/ 14

补充阅读材料　/ 14

第2章　不断变化的会计环境　/ 15

2.1　监管　/ 16

2.2　技术　/ 21

2.3　利与弊　/ 24

2.4　管理者如何驾驭　/ 27

本章小结　/ 33

思考题　/ 33

补充阅读材料　/ 33

参考文献　/ 34

第3章 区块链与财务服务的前景 / 35

3.1 区块链是什么 / 37

3.2 区块链的基础技术 / 38

3.3 区块链与财务服务 / 39

3.4 安全顾虑 / 41

3.5 区块链的特征与会计变革 / 43

本章小结 / 45

思考题 / 46

补充阅读材料 / 46

参考文献 / 46

第4章 共识机制 / 48

4.1 公有链与私有链 / 49

4.2 联盟区块链模式 / 52

4.3 区块链投资 / 54

4.4 侧链和链外交易 / 62

4.5 支付通道 / 64

4.6 空投 / 65

本章小结 / 66

思考题 / 67

补充阅读材料 / 67

参考文献 / 68

第5章 稳定币与去中心化组织 / 69

5.1 对财务服务与会计监管的影响 / 71

5.2 稳定币的意义 / 72

5.3 额外注意事项 / 74

5.4 分类监管 / 74

5.5 会计分类 / 75

5.6 去中心化自治组织 / 77

5.7　商业意义　/ 79

5.8　CPA 与 DAO　/ 80

5.9　分散世界中的咨询服务　/ 81

本章小结　/ 82

思考题　/ 82

补充阅读材料　/ 83

参考文献　/ 83

第 6 章　人工智能　/ 85

6.1　人工智能基础　/ 86

6.2　AI 和区块链的结合　/ 88

6.3　AI 在会计和商业中的应用　/ 89

6.4　AI 对审计和鉴证的影响　/ 90

6.5　税务报告的意义　/ 92

6.6　AI 对企业的意义　/ 93

6.7　AI 对会计的影响　/ 93

6.8　数据驱动决策　/ 94

6.9　AI 破坏　/ 96

6.10　财务与 AI　/ 97

本章小结　/ 99

思考题　/ 99

补充阅读材料　/ 100

参考文献　/ 100

第 7 章　机器人流程自动化　/ 102

7.1　RPA 产品　/ 105

7.2　AI 的应用速度　/ 105

本章小结　/ 107

思考题　/ 107

补充阅读材料　/ 108

参考文献　/ 108

第二篇 新兴技术在财务服务中的应用及启示

第 8 章 应用总览 / 113

8.1 密码法的兴起 / 114

8.2 密码法的益处 / 115

8.3 密码法面临的挑战 / 116

8.4 额外的注意事项 / 117

本章小结 / 118

思考题 / 119

补充阅读材料 / 119

第 9 章 新的利基市场 / 120

9.1 去中心化的商业环境 / 122

9.2 要强调的重点 / 123

9.3 打破"大交易" / 125

9.4 隐私保护 / 126

9.5 产权验证和追踪 / 128

本章小结 / 130

思考题 / 130

补充阅读材料 / 131

参考文献 / 131

第 10 章 利用技术减少模糊性 / 132

10.1 扩大业务范围 / 133

10.2 共益企业与整合报告 / 137

10.3 共益企业的责任 / 138

10.4 技术支持 / 140

本章小结 / 141

思考题 / 142

补充阅读材料　/ 142

参考文献　/ 142

第 11 章　内部控制注意事项　/ 144

11.1　内部控制的附加服务　/ 145

11.2　区块链的常见误识　/ 146

11.3　RPA 的控制问题　/ 148

本章小结　/ 149

思考题　/ 149

补充阅读材料　/ 150

参考文献　/ 150

第 12 章　对财务服务业的意义及其趋势　/ 152

12.1　未来枢纽　/ 153

12.2　新商业模式　/ 154

12.3　AI 常见问题　/ 156

12.4　AI 中的道德规范　/ 157

12.5　去中心化世界中的会计　/ 158

12.6　交易　/ 161

12.7　科技创造机遇　/ 162

本章小结　/ 164

思考题　/ 164

补充阅读材料　/ 165

参考文献　/ 165

第 13 章　AI 与区块链的审计意义　/ 167

13.1　连续审计　/ 168

13.2　连续报告的影响　/ 169

13.3　税务报告　/ 171

13.4　税务指引及意义　/ 172

13.5　置身于连续报告的财务专家　/ 173

13.6 非财务报告 / 174

本章小结 / 174

思考题 / 175

补充阅读材料 / 175

参考文献 / 176

第 14 章 ESG 及更多应用 / 177

14.1 整合报告 / 177

14.2 区块链和 AI 的咨询意义 / 181

14.3 区块链和 AI 的税收意义 / 183

14.4 服务特定产业 / 185

14.5 风险评估服务 / 187

14.6 完善区块链定义和标准 / 189

本章小结 / 192

思考题 / 192

补充阅读材料 / 192

参考文献 / 193

第 15 章 网络安全与保险 / 194

15.1 数据存储的影响 / 197

15.2 AI 优化 / 198

15.3 未来期望 / 199

本章小结 / 199

思考题 / 200

补充阅读材料 / 200

参考文献 / 200

第 16 章 下一阶段的应用 / 202

16.1 会计和财务的未来功能 / 205

16.2 与法律专家的合作 / 205

16.3 开发战略思维 / 206

16.4　从控制者到 CFO 和 CDO　/207

16.5　成为投资顾问　/208

16.6　可定制的融资计划　/209

本章小结　/211

思考题　/211

补充阅读材料　/211

参考文献　/212

第 17 章　数据资产　/213

17.1　数据科学　/215

17.2　新兴技术在数据分析中的应用　/217

17.3　咨询服务　/218

17.4　资产代币化　/221

17.5　现实世界中的应用　/223

17.6　区块链教育机会　/224

17.7　区块链驱动的财务　/227

17.8　区块链驱动的从业者角色　/228

17.9　区块链影响下的金融　/229

17.10　AI 增强金融　/232

17.11　机器人驱动的组织　/234

17.12　DAO 和财务服务　/236

本章小结　/237

思考题　/238

补充阅读材料　/238

参考文献　/238

第 18 章　晋升为战略顾问　/240

18.1　当前用例和未来应用　/242

18.2　创业　/244

18.3　寻找信息资源　/246

18.4　新的进展和信息　/248

18.5 新兴技术的特定应用 / 250

本章小结 / 252

思考题 / 252

补充阅读材料 / 252

第 19 章 结论和未来发展方向 / 253

译后记 / 256

第一篇

写给从业者的定义、概述和信息

第 1 章

前言和引导性信息

　　现如今已经涌现出了各种类别的人工智能应用和区块链技术，也涌现出了有关这些技术工具对会计职业将产生长短期影响的讨论和文章。人们只需要研究数百种新推出的加密货币的波动性和泡沫，就能发现市场过热的潜在证据。如此大量的分析和投机似乎是市场过度兴奋或泡沫化的征兆，但进一步看，情况似乎并非如此。自计算机时代以来，技术就在会计和财务职业中扮演着重要角色，然而有一些基础特性使像人工智能和区块链这样的新兴技术有别于早期的技术迭代。本书试图做的不仅是要破解这些不够明确的技术概念，而且还要分析这些技术工具和平台的意义，最后分析这些工具对财务服务业（financial services profession）可能的影响。

　　在区块链技术的背景下，财务与会计作为经济的一个分支，貌似不值得用整本书来讲，然而这取决于你从什么角度来读这本书。多数区块链和人工智能的分析把重点放在这些技术将如何彻底改变商业乃至社会上，虽然会计和财务只是更为广泛的经济和社会的一部分，但它们在经济和市场中的影响是重大的。信用传递、信息保护以及财务信息和数据的准确报告，这些财务活动构成了如何在美国本土和全球范围内做出商务决策的基础。由于数据泄露和黑客攻击，以加密方式传递这些信息似乎比以往任何时候都更为重要，而区块链和人工智能这两种技术都拥有促进这一进程的潜力。

　　最后，将本书整合在一起的核心目的，不仅是要在宽泛层面讨论这些影响和技术内容，而且也为读者提供前行的建议和指导。简而言之，区块链和人工智能具有潜力，并且一定程度上已经在改变财务从业人员参与商业和利益相关者社区的互动方式。倘若从更广泛的视域来看，会计和财务业在改善信息交流、数据管理和数据加密方面的含义还将更加明朗。本书主要由将这些技术与会计和财务领域的现状联系起来的一系列意见、建议和见解构成。无论你在财务或会计专业领域的哪个岗位或部门，都可以在本书中找到有用的方法和建议。

从职业发展的角度来看，技术时代已经到来，并将产生巨大影响，我们需要做好准备。阅读本书将是一个既能让你见多识广，又能帮助你处理这些重要议题的绝佳方式。

1.1 "泼冷水"

本书的重点是区块链、人工智能，以及这些技术对财务服务业的意义。随着拥有数十亿美元的投资以及成千上万的非常聪明且具有积极性的参与者致力于研究这些解决方案，必然会有在市场上取得成功的产品和服务，但毫无疑问，在开始阶段，也会存在许多错误。在 2018 年到 2019 年撰写和编辑本书期间，有人猜测，对于加密货币和区块链的炒作与热情在那个时候已经远远超过了这项技术本身的功能。例如，2018 年 8 月和 9 月出版的《经济学人》（*Economist*）杂志，重点讨论了加密货币和更广阔的区块链技术所带来的失望和兴奋。这个想法的核心是，加密货币包括一些封面文章中的"生成比特币"最初是作为一种密码技术，试图解决那些被认为是现有金融体系的根本性问题和核心缺陷。也就是说，交易处理和数据验证的集中化特性创造了这样一种场景，黑客和其他违法的市场参与者甚至不必搜索有价值的数据存储的位置，就可以轻易得手。准确地说，数据存储和数据处理的高度集中化特性本质上造成了组织始终处于防御状态的困境，需要持续紧盯有关黑客攻击和数据泄露的记录。

在这个背景下，加密货币运动没能实现最初的雄心——取代美元和欧元等传统法定货币。原因在于它的价格波动、交易处理效率低下以及缺乏接受加密货币的支付媒介的意愿。即使承认加密货币缺乏货币用途适应性，客户仍然有较强的投资欲望。特别是 2017 年年底价格上涨时期，投资者的兴趣明显随着比特币和其他各种加密货币的价格上升而攀升。财务专家有责任解释这些投资工具和投资选择的确切含义。简而言之，就是会计和财务专家必须能够提供客观解释和切实的建议，既要投资于这些选择，也要明确无误地意识到在这些领域拓展技术还有多少工作。尽管随着比特币和其他加密货币价格的下跌，加密货币带来的喧嚣和兴奋情绪已经不再占据头版新闻，但是区块链技术在提起人们的兴致和投资兴趣方面已经取代了许多话题，正在成为人们口头和会议上时常提起的新名词。

当然，区块链也并非神秘莫测，而是一个正在慢慢进入市场的基本事实。继引发广泛的兴趣、投资和数十个区块链跨界应用的会议之后，这项技术似乎走进了一个幻灭的低谷。但这种低谷通常会孕育新兴的技术力量。在 IBM 对其他组织的协助和领导作用下，许多项目已经启动并获得了资金。根据最近的市场证据，尽管这些项目的绝大多数仍处于试验或测试阶段，人们对这一领域的兴趣还是相当大。这将不可避免地推动区块链技术应用场景的拓展。熟悉这些新兴技术，认识到众多此类技术的应用仍处于试行期的事实，并将财务服务与相关技术联系起来，是每个会计从业者必须理解和意识到的责任。

1.2 从炒作到实践

由于 2017 年比特币的价格飙升，区块链已经成为美国主流意识，但 2018 年可能被视为区块链的低谷。在 2017 年比特币全盛时期或 2018 年年初推出的许多项目，要么仍处于试验阶段，要么完全取消。无论是因为实施和维护区块链系统的相关成本、将区块链平台与当前企业资源计划（ERP）技术集成的复杂性，还是由于不那么合适或效率不高，众多基于区块链的计划在这一年被取消或搁置。2018 年加密货币的价格暴跌，加剧了人们对区块链在企业解决方案中的有效性和适用性的怀疑，从而人们对区块链的兴趣在降温，项目进度也在放缓。这些都是事实。所幸截至撰写本书稿时，尽管加密货币的价格低于 2018 年和 2019 年的水平，但它似乎已经稳定下来，各类不同区块链项目计划的重点已经从专用加密货币转移到那些更多以企业为基础的项目上。由于这些项目越来越多地与企业以及产业的实际应用相关联，因此它们可能不像加密货币或专门连接到加密货币的项目那样为人所知。

　　从更高层次和更广阔的视角去观察这些区块链项目，立足于财务角度或非财务的立场，这种转变和发展都是有意义的。在 IBM 和 Maersk 的牵头下，国际航运组织合作和伙伴关系中首次引入了这种协同效能，它所产生的收益提升可能为区块链生态系统带来某种悖论。一方面，比特币和其他加密货币价格飙升确实吸引了来自个人和机构参与者的兴趣及投资，其中包括美国主流媒体的大量报道。另一方面，正如市场上经常发生的那样，尤其是区块链这样的新兴市场，加密货币在 2018 年迎来了价格暴跌。价格的坍塌确实导致了众多项目被取消、搁置或推迟，同时也反映出不同加密资产的价格走势。那些热情高涨时期制定的价格目标和预测，很快就被揭示出是在信息不完整情况下做出的，或者至少是众所周知的激动时刻做出的。即使机构不断注入资金来完善这一领域，在电视广播的报道中也依旧存在一种情绪——区块链似乎并不像它最初被鼓吹的那样。

　　但这一观点是不完整的，更不用说准不准确，尤其是在客观地分析和审视了区块链生态系统正面临的变化之后，发现无论是智能合约和去中心化交易所的发展，还是基于区块链的解决方案或应用程序的其他商业模式的兴起，抑或是允许使用加密货币的各种支付备选方式的建立，都是基于加密货币的代表性应用。此外，诸如以太坊等其他区块链的持续开发和建设，使得众多投资和开发项目得以进入更为广阔的市场。例如，区块链可以用作基础设施和技术平台去替代或实质性地增强当前的企业系统。当然，这只是区块链应用的"冰山一角"。健康护理、运输、物流、教育、食品安全、治疗、零售、知识产权和知识资产等领域，都可以使用基于区块链的解决方案。

加密货币激发了人们对区块链技术最初的兴趣和热情，2018 年市场价格下跌不应成为劝阻个人或机构不再投资于更为稳健的其他解决方案的理由。这本书提到加密货币，是因为它们正在并将继续对财务服务业产生影响。考虑加密货币、区块链技术和企业应用程序之间复杂关系的适当方法，是将加密货币想象为财务从业人员使用的众所周知的工具之一。近来，人们不再专注于加密货币的价格走势，而是将注意力转移到企业对技术本身的应用层面。对于差异化区块链技术解决方案的兴趣和投资已经进入市场，因此企业全面实施区块链技术极可能只是时间问题。

图 1.1 分解并归类出与区块链相关的一些核心概念，没有过多地关注技术内容，而是强调了专业人员今后需注意的业务核心。

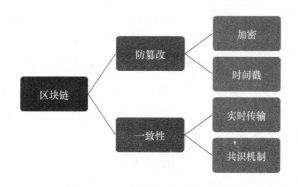

图 1.1 区块链的核心概念

1.3 为未来做准备

希望价格崩塌的冷水能浇灭任何不合理的热情和那些因众多头条新闻而产生的头脑冲动，让人们冷静下来看一看客观事实。也就是说，在一头扎进这个快速发展和变化的技术领域之前，必须承认一点，那就是，为了让财务服务的专家们能够发展成为战略顾问和合作伙伴——这通常被称为会计职业的最终目标，现行的技术融合水平是远远不够的。一边是广阔的商业应用场景（business landscape）在加速发展和变化，另一边是专业内越来越明显的分歧，这包括从注册会计师到投资银行家在内的所有财务服务领域。一些从业者和公司似乎在积极地朝着技术环境变化的方向前进，另一些会计和财务的从业者似乎没有这样做。尽管对于组织和个人而言，过渡时期可能有困难和挑战性，但要为未来做好准备、经得起未来的考验，这就不是一个可感知或评估的备选任务，也不是一项需要委托给首席技术官的工作。

更确切地说，这种转变由技术引发，但范围要广得多。从亚马逊（Amazon）到特斯拉（Tesla），客户和消费者越来越适应于技术、定制数据和基于数据的实时分析。相比之下，财务数据特别是报告给投资者和市场的信息类型，却没有随着商业应用场景的其他部分而改变。这是有待解决的问题，并且业务与技术的快速集成正在使这种情况变得愈加复杂。很多情况下，特别是随着软件和平台获得成本的降低且更易于使用，雇用传统验证方式的财务专业人员的必要性可能下降。当然，一些特定的法律文书和合规性报告，只有经过认证的专业人士才能完成，例如注册会计师在审计报告上的签字。但分析和预测可以由非注册会计师、非理财规划师和非金融分析师掌管的从业者和咨询公司完成，并且这种情况渐渐多了起来。

区块链和人工智能是强有力的技术，有着在财务服务领域引发职业范式革命的潜力，但它们也仅仅是指向更具颠覆性和综合性变革的征兆之一。财务服务行业的从业人员几乎毫无例外地会变得熟练起来，具有前瞻性思维，能够在工作中使用技术、开展业务和服务客户。总的来说，财务服务已经被区块链和人工智能技术推向了前沿，从事财务服务的个体和群体都必须与时俱进，同步跟进更为广泛的商业应用场景的其他变化。

1.4　技术视角

虽然科技近乎是最近几年出现的具有颠覆性的强大技术力量，但事实是，在会计职业的历史上，科技发挥了不可或缺的作用。简言之，如果没有各种科技工具的整合和实施，现代会计的功能和市场将不复存在。现代会计的功能和市场是由多种科技工具构成的。选择使用区块链和人工智能等工具、平台进行集成和实践，表示会计从业人员与更广阔的商业环境交互方式正在发生根本性变化。自从计算机作为可选项以来，科技一直是商业环境的一部分，但这些工具的实际应用主要集中在提升业务流程的自动化和效率上。流程改进是指通过改进现有方法技术提升效率、推动利润增加，这被认为是业务实践的跨行业标准。科技越来越多地融入企业运营与市场评估中，遗憾的是，会计公司和从业人员则似乎还处在众所周知的科技追赶途中。

人工智能在整个市场和消费应用中随处可见，如 Alexa、Siri 和 Cortana，以及其他许多日常使用工具，但人们不一定意识到人工智能是市场中的一个组成部分。与技术工具相关的发展和流程改进，在不同的行业和地理区域都很明显。市场中的领先组织，包括但不限于亚马逊、谷歌（Google）、特斯拉（Tesla）、腾讯、阿里巴巴和网飞（Netflix）等公司，已经应用了人工智能工具和平台，以帮助提高客户满意度和运营绩效。采集信息，有效利用不同的信息来源，并能够利用这些数据做出更好的业务决策，这些都是可能获得可持续竞争优势的基础。应用性和学术性刊物都有提到，信息是在盈利能力和运营效率方面取得潜在竞争优势的来源。然而，在日益全球化和数字化的商业环境中，仅仅利用信息似乎不足以获得成功和繁荣。

暂且不论区块链科技平台的具体会计含义如何，事实上它已经被多个行业采用和实施。这其中有多个全球最大跨国组织，包括但不限于联邦快递（FedEx）、英国航空公司（British Airways）和 UPS，以及其他具有跨地区和跨产业线的供应链组织。本书将深入探讨区块链技术的具体特征，包括识别该项技术的关键因素、去中心化、加密性，这些对于理解区块链对整个商业领域的可能影响至关重要。还有一个与任何技术无关的潜在主题，那就是数据作为一种战略资产和信息正显得日益重要。

1.5 数据资产

自从各行各业都有数字化技术以来，信息生产、信息分析和信息交流都是极具价值的。这对于组织内部的管理人员和外部用户而言都是如此。组织中无形资产价值占比越多，就越应强调数据收集、报告和分析的效率与效果。可以确定的是，经过不断的更新迭代，知识产权、无形资产等其他由数据驱动的资产所产生的信息应该有利于帮助企业实现业务目标。具有领先地位的企业之所以能够在市场上维持领先地位，数据信息和新兴技术功不可没。整合、分析、报告由定性和定量数据组成的信息贯穿于商业实践的全过程。了解这一商业实质，管理者就应该应用区块链和人工智能等新兴技术更有效地组织与利用信息，从而理性决策。

尽管如此，仅仅利用技术仍不够，管理团队还必须能够实现数据保护、存储和向市场报告各种来源的数据流。在日益依赖各种定量和定性分析的商业环境中，数据保护越来越重要。

1.6 话题与主题

在深入分析技术选择和行业前景之前，这里先对市场上的不同技术工具进行简要概述。首先，通用术语和概念的制定固然重要，但就实践中无以定形的前沿科技趋势加以讨论是更为重要的，这些趋势包括区块链、加密货币、人工智能以及会计功能的日益数字化等方面。其次，对以下话题做简要介绍是本书的一部分，以减少技术进步过程中时常出现的炒作、喧嚣和混乱。以合乎逻辑的方式理解技术工具的组成和分支，可以让更具实质性的对话聚焦于应用，而不是投机。最后，重中之重在于为本书的读者和用户提供一个理解、吸收本书内容的架构。最为理想的情况是，每位读者都会关心书中每章每节的每条信息，但如果对某个章节更感兴趣，那么预先设定概念和索引将为你提供聚焦的机会。话虽如此，并不意味着本书能对所涉话题或最终定义进行全方位的审查。本书可以提供以下信息：

1．科技作为一个工具

本书的主题不是要对行业的未来进行揣测或预测，更不是要打乱会计从业人员的主要职能和责任去讨论未来。与许多其他事实一样，实际情况远比想象的复杂。一些实务界人士和评论员推测，在技术工具的刺激和驱动下，财务服务业的未来有着无限增长机会。在现实生活中，任何与财务服务的专业人士或机构有过交往的人都会意识到，在实现全面技术集成的道路上还有许多障碍。文书工作，无论是有形文档、还是电子文档，都是存在于客户、机构和经纪人之间最突出的痛点之一。

另外，一些财务会计的专业人士提出了相反的观点。自动化已经成为市场上一种颠覆性力量，它们既创造了新的岗位和角色，也在这个过程中消除了一些其他工作[⊖]。预算费用、科技本身的复杂性，以及将新技术系统映射和连接到当前企业平台的困难，都可能成为阻碍科技整体采用和集成的绊脚石。本书试图涵盖和讨论的，既是技术工具本身，也有这些技术工具对财务基础设施的影响。

2．区块链

区块链技术是过去十几年来讨论和分析最多的技术趋势之一，特别是在会计专业人士中，但它的潜力和影响似乎仍处于早期阶段。核心理念在于，区块链不是金融工具、平台或应用程序；相反，无论公有链，

⊖ 尽管有些角色和任务已经被自动化取代，我们仍然有必要了解自动化应用过程中可能妨碍新兴技术全面实施的各种阻碍和权衡对新技术的学习成本。

还是私有链，区块链都是一个分布式数据库，允许用户实时访问加密信息。区块链技术的单个组件，公钥、私钥、加密技术，包括云计算网络，可能单独来看不代表创新，但它们组合起来就有潜力成为会计行业"游戏规则"的改变者。

3. 人工智能

过去，大多数最为人熟知的人工智能应用可能来自电影和娱乐传播，加上媒体的大肆渲染，这无疑会令人不安和深感威胁。但事实并非如此，忽略市场上很多令人窒息的评论，人工智能的核心是它代表了一个或一套程序，可以增强、复制或最终取代人类进行监督和处理业务。尤其是对会计和财务人员来说，人工智能还没有发展到可以完全取代人类的地步，但它所能做的会计和财务工作，当然值得进一步分析。

4. 机器人流程自动化

机器人流程自动化（Robotics Process Automation，RPA）在本质上并不必然是创新。这是因为，它们在技术市场已经存在了数十年之久，多种类型的自动化、效率导向项目以及流线型工具早已进入市场。与之前这些活动相比，RPA 有两方面的变化。首先，RPA 使机器人的开发和应用能够进入劳动力市场，重要的是 RPA 使机器人程序和其他自动化软件能够从事财务和会计活动。其次，无论出于何种意图和目的，纳入本书作为分析要点的是，RPA 可以而且经常被视为迈向全面人工智能的"垫脚石"。一个很好的类比是，将 RPA 描述为当前技术背景下的信息系统与成熟的人工智能平台之间的桥梁或中间点。

5. 加密货币

加密货币可以说是技术变革中最引人注目的实例。它们吸引了广泛的关注，这与以下几个原因有关。首先，一些人认为它们是传统法定货币的最终替代品，另一些不抱希望的人则认为它们会成为金融基础设施的一部分。其次，作为去中心化应用程序，特别是在比特币的完全去中心化模式下，是没有单一实体负责制定规则、监督或发行的。换句话说，没有人负责解决基于比特币的争端。最后，围绕比特币和其他加密货币在业务和征税上的不确定性，业界产生了持续的焦虑和压力感。

6．会计自动化

自动化和生产力的提高常常伴随着效率提升和技术集成。这对整个会计行业来说，有积极和消极两方面影响。从消极的角度来看，自动化程度的提高，能够而且很大程度上会导致失业和流离失所，劳动力市场中的部分从业人员会被取代，并且未来的会计专业教育方式需要重新定义。然而，从积极角度看，自动化和效率提升很可能会在当前和未来为会计行业带来更多收入和机遇。

7．连续报告

尽管技术改进贯穿了财务报告和会计处理的全过程，但当前最为常见的投诉和问题之一在于，向市场报告的信息很容易过时 3~6 个月。由于时间延迟的存在，事实上，几乎每种情况下，现行财务报告都只适用于小部分最终用户。无论该组织是公开交易的公众公司，还是私人管理，传统的财务报告只适用于股东或债权人。但是，利益相关者日益期待并要求获得更广泛的信息，包括财务和非财务信息。所以，会计处理必须通过技术实现自动化，并过渡到更连续的报告流程。

8．对财务服务业的意义

本书致力于深度分析这些科技力量，以及它们对于金融和财务服务业的未来意义。在开启对话和转移注意力之前，预先设定分析框架是合乎逻辑的。无论个体和从业者发现自己属于哪一类，当前的实践和进程已经不足以使金融和财务服务业向前推进。自动化、技术集成和来自非传统领域的日益激烈的竞争，正在共同创造一个财务服务业必须适应的环境。这里所说的财务服务业，包括但不限于会计、财务分析和银行的相关活动。财务服务业需要不断演进和变化以面对技术的破坏，要跟上时代的步伐并向前蓬勃发展。

虽然以上核心领域构成了本书的基础，但它们绝不是唯一主题，也不代表驱动会计行业变革的各种力量的总和。在展开讨论前必须承认一点，技术工具和技术平台正在以不同于以往其他变动趋势的速度实现颠覆和变革。当然，变革是商业活动和产业发展中不可避免的一部分，但变革的速度正在加快，传统工具和工作过程难以与之抗衡。

本章小结

本章是对术语和主题的概要性介绍，也包括如何将这些主题与财务服务行业相联系。具体来说，本章对新兴技术进行了细分，从区块链、人工智能到 RPA。相关的定义和术语对于从业人员围绕新兴技术展开理智的对话和辩论尤为重要。糟糕的信息甚至会使最有希望的项目走向失败，从业人员必须从运营和财务两个角度客观地评估项目的可行性和合法性。在导入主题的基础上，本章还以实践者可以理解和适用的方式讲述了相关内容，以易懂的和有用的方式引出概念，为其他部分打下基础，而不是直接引入技术细节。技术将会并已经改变财务服务业的前景，这是每个专业人员必须理解和应用的主题，以便有效地为客户服务。

思考题

1．在个人和组织层面，你目前对这些新兴技术工具的满意度如何？

2．你的客户对区块链、人工智能、RPA 和加密货币技术感兴趣或了解吗？

3．你所在公司或你本人是否处理过与这些技术工具相关的监管或法律问题？

补充阅读材料

CPA.com White Papers – https://www.cpa.com/whitepapers

第 2 章

不断变化的会计环境

    整个商业格局正处于技术范式的转变中，这对于本书的读者来说不足为奇。这句话可能有些过分，或者有点喧宾夺主，但很难想出一个同样合适的词语去描述它。正如我们所说，除了正在重新定义整个社会和商业的一些已知潜在趋势，譬如人口变化、全球贸易机制和信息日益数字化，新的商业和科学领域还在不断发展。当然，必须强调一点，即使是本书重点讨论的新技术，对于会计和财务服务行业的演变、迭代和发展来说，它们也不一定是新事物。技术工具一直在变化，但工具本身的目的没有改变（Winsen & Ng，1976）。每一个新发展中都会出现创新和监管的博弈，区块链和人工智能也不例外。这些动态特别是在会计专业代表着影响和变化，我们必须以积极主动的方式承认和处理它们。从围绕新兴技术领域本身的文章数量和讨论热度来看，会计专家似乎意识到了这种改变，如何行动仍在讨论中。具体而言，截至本书撰写之日，尚没有任何已进入市场的会计机构或团体发布权威或明确的指导意见。为了开门见山地构建讨论框架，图 2.1 给出了总结并突出了趋势，这些趋势正在将会计行业从目前的处境转变为许多专家预测的最终形态。

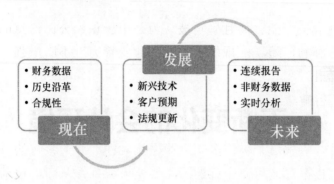

图 2.1　会计环境的变化

2.1　监管

　　简言之，会计和财务服务是受高度监管的行业，其规则和监督堪比医疗和输配电等其他受到严格监管的领域。就本话题而言，我们可以合理地得出这样的结论：监管在财务服务领域已经并将继续成为一股强大的力量。传统上，监管范围仅限于报告和传递财务信息，这些信息面向狭义的利益相关者——债权人和股权所有者。在这一点上，美国财务会计准则委员会（FASB）和国际会计准则理事会（IASB）颁布的指南和概念框架构成了大量财务信息编制的准则和分类标准。然而，除了所有这些现有的指导原则，区块链和人工智能的兴起还引起了以下问题：随着财务服务与技术工具的日益融合，技术型监管（technology style regulation）是否会开始涉足这一行业？

　　2018 年 5 月 25 日《通用数据保护条例》（GDPR）的通过，意味着这不再是一个学术或理论问题。尽管这项法规起源于欧盟，而且主要针对那些能够接触客户社会信息的技术公司，但这项法规与财务服务之间的关系是清晰的。如果某个组织掌握了任何关于欧盟公民的信息，那么该组织就会受到这项规定的监管。不必对法规的细节进行过多探讨，如果某个组织有任何可用于识别个人身份的信息，就必须采取额外的预防措施和安全标准来加以监督和约束。退一步来说，从市场的角度考虑 GDPR 中的规定，可识别数据等概念可以更加明确地被界定。支付和购买信息、投资信息、交易历史信息、会计记录、所得税支付和备案以及各种其他财务信息，能够而且确实被认为是用于识别公民信息的数据。除了合规性的影响，随着法规的变化，行业监管力度不断增强，这其中会出现一些机遇。

除了等待政策逐步实施以及围观监管的重锤落在第一个违规组织身上，财务专家还需要了解该行业即将发生的其他监管变化。不仅是国际法规和标准，美国这个被许多人认为是流动性和活力最强的资本市场的各类标准，也有可能对整个行业产生影响，特别是从新兴技术和效率角度来看，技术实际上增加了监管的重要性，而这几乎也是矛盾的。与这些变化相关的细节将在后文做详细概述，但可以公平地说，监管法规不仅需要被视为技术阻碍，而且还是技术机遇。

2.1.1　各州法规

尽管美国在联邦层面存在与区块链及其应用相关的争论和混乱，但在州层面仍有所进展，这个事实进一步搅乱了区块链和加密货币的浑水。在这样一个快速发展且与加密货币和整个区块链联系的空间中，每个从业者都必须及时了解不断变化的话题和各层面的变化。这听起来不错，特别是对于信息处理和信息分类。在这个快速发展的空间里，没有哪个单一的分析能够涵盖所有的监管变化，但是有一些正在发生的例子应该会引起所有业内人士的兴趣。

截至 2018 年年底，俄亥俄州因各种原因吸引了无数的头条新闻媒体和公众关注。其中，至少有 6 家区块链和加密货币公司向哥伦布市投资了 1 亿美元。这些公司吸引了各地其他投资基金的极大关注，成为该州创新的动力之一。除了这项金融投资，俄亥俄州在 2018 年年底发布 SF0125 法案，成为允许居民通过比特币缴纳地方税和州税的第一州。这标志着加密货币的使用方式发生了重大变化。在此声明和法律变更之前，唯一的指引是美国国税局于 2014 年发布的一个备忘录，将加密货币分类为用于会计、税务和报告的财产。这种变革允许居民和消费者使用加密货币支付账单和债务，是加密货币从"投资品"演变为"成熟货币等价物"的一个标志。

新罕布什尔州在 2019 年年初宣布，居民和个人将能够使用比特币等加密货币支付税单和其他费用。虽然尚未做出最终决定，但这也代表着比特币和其他加密货币从投资机遇向能够用于偿还债务和其他账单的支付媒介转变。尽管个别加密资产的价格在 2018 年有所下降、2019 年稳定在较低水平，但这些发展仍然朝着增加机构利益和各州监管职能的方向前进。

然而，若与怀俄明州立法机构正在进行的可能具有开创性意义的工作相比，这些变化和发展仍有些相形见绌。尽管加密货币在不同用途的使用和处理方面可能正在被更广泛地接受，但总体上区块链的处理方式仍然存在困惑和疑义。从 2018 年开始，一直持续到 2019 年，怀俄明州对加密货币和区块链相关的监管和其他领域采取了相当先进和前瞻的方式。与 20 世纪 70—80 年代，南北达科他州和犹他州等地曾成功尝试将金融科技引入信用卡行业一样，区块链和加密货币可能并不像表面上看起来的那样不寻常。怀俄明州可能不是第一个想到成为金融科技枢纽的地方，但重要的是无论在哪里发生，都能跟踪事态发展。在华尔街一位有着数十年经验的老手的带领下，并在法律和政治界得到两党支持，区块链等概念似乎受到了热烈欢迎。虽然这些立法活动的后续影响在此时仍然难以知晓，但财务专家们可以在一定程度上预测这些后果。

若想要深入了解一些变化和行动，以下项目和信息应该被考虑在内：

首先，对于处理加密货币和其他加密资产来说，或许最重要的是SF0125 法案对这些资产提出了几种不同的分类。这看起来可能是一个微小的变化，但在某些目前无法预知的方面是影响重大的。这项立法将各种加密资产分为三个不同的类别，并承认加密货币的法律地位，和美元等货币一样，它也可以用于支付和结算州内其他债务。尽管这项立法只在州一级得到赞助和支持，但代表了迄今为止在这些问题上最重大的进展。除了承认比特币和其他加密货币与现金在州内同等的法律地位外，这项立法还试图授权银行将加密资产和加密货币作为银行的自有资产（AUA）进行管理。

其次，银行管理加密货币的能力标志着某些职责得以从此前的主流法规（纽约 BitLicense 监管框架）中分离出来。目前，只有金融机构能够针对各种类别的加密货币提供信托和托管服务，从财务服务和立法角度来看，这项规定使问题变得复杂化。信托公司或通过信托工具提供服务的组织必须在 50 个州注册登记，以便开展跨州业务。从合规性和成本角度看，提供这些服务的复杂性和成本过高，以至于迄今为止，只有规模最大、最成熟的参与者才能做到。此外，美国证券交易委员会（SEC）公开表示，信托模式并非提供加密货币服务的首选。从金融服务的角度看，与信托相比，银行托管模式明显可提供两个益处：①跨州经营的能力；②从成本和经营的角度，银行模式比信托或信托商业模式更为简便，因为不需要每个州单独监管或许可。

最后，法律术语可能并不总是财务服务专家感兴趣的，或者说它是一个能够与其他专业建立共同认识、对话并参与的领域，但它是进一步提供咨询服务时必须考虑的因素。无论是各州已经建立的法规，还是联邦层面正在改变的监管模式和框架，这些变化将对财务服务和其他行业的业务运作产生深远的影响。向内部伙伴和外部客户提供咨询服务和强有力的客户建议，意味着理财专家需要了解加密货币和其他加密资产的财务影响，以及了解它们在各种业务实体之间流通的意义。不仅是这些规则和职责，从业者还需要有意识并及时了解区块链如何随着其他业务流程的改进而发展。

2.1.2　不断变化的会计准则

会计通常被视为传统导向行业，至少它在一定程度上受到保护，可以避免日趋占据新闻头条和报道的颠覆之风的影响，但现实情况比看起来微妙得多。无论从业者受雇于哪个行业，会计监管都将发生重大变化，这对行业及其服务的客户都将产生影响。特别地，"租赁准则、收入确认准则的变化、非营利实体如何报告资产，以及其他类别信息的分类"已经对信息和数据的报告方式产生了影响，并且已经对会计专家的形象和内外交流产生影响。

虽然对于 2018—2020 年的多次会计准则变更，FASB 给出的具体理由不同，但潜在的趋势和用意相同。利益相关者和机构用户越来越期待得到更多的最新信息和有意义的数据。这些变化十分重要，而且表现为某种更大的商业应用场景下的趋势，各个行业的组织将感受到这种变化。会计和财务专家越来越多地被期待能够向企业决策者提供定量信息以及这些信息的含义。特别是在其他组织提供个性化定制报告和客户服务的背景下，会计师事务所及从业人员必须能够向委托人和其他客户提供同等水平的服务和信息。从理论上讲，报告的变化首先聚焦于帮助理解和解释那些非财务专家难以理解和分析的信息。也就是说，会计从业人员能够也应该利用技术来满足利益相关者群体的期待，并将此理解为这些修改后的报告要求的基本目标。

截至本书撰写时，在加密货币、区块链或人工智能领域的会计准则或概念框架方面还没有任何明确的指导。美国注册会计师协会（AICPA）和美国管理会计师协会（IMA）已经开始在"区块链、如何核算区块链交易以及更广阔的加密货币空间等领域"发布非权威的指引和认证计划；但就权威的会计指南和法规而言，在 2018 年或 2019 年似乎没有任何迹象。如上所述，会计和财务服务领域不断变化的法规和指引足以让从业人员忙碌不休。即使没有技术驱动的颠覆，收入确认、非盈利财务信息的报告以及租赁报告方式的改变（指从资产负债表表外转移到表内），也是需要解决的重点问题。新兴技术和力量包括区块链和人工智能，将对服务业产生重大影响，会计监管和指南必须跟上新形势。现在，重要的是要认识到这样一个现实：相关指南也可能不是来自美国。国际上已经发布了一些指引，并开始将区块链用于商业目的。在任何情况下，都需要跟上不断变化的监管环境，并能够随时随地向客户提供有意义的建议。

尽管还没有其他权威著作或指导意见发布或确立，一些行业参与者正采取积极措施，日益融入传统财务体系。一个简单的例子是，基于区块链的支付处理器和支付服务的 App 的持续开发和技术集成。以环球银行金融电信协会（Society for Worldwide Interbank Financial Telecommunication，SWIFT）为例，它实质上是全球金融和支付系统的基础，是资金和头寸在几乎所有银行、信用卡公司或金融服务机构之间转移的通道。有数字显示，这类体系对那些被禁止或主动禁止使用这一体系的国家究竟有多么重要的影响，朝鲜和伊朗就在不同时期遭受了巨大的经济紧缩。由于无法与世界大多数国家开展业务，与 SWIFT 断绝联系的国家或机构实际上已完全脱离金融体系。

2019 年年初，一个领先的区块链开发组织 R3 与 SWIFT 网络建立了合作关系，开发和利用基于区块链的全球支付处理的替代方案。所以，也许最适合开始分析这种变化的，就是国际支付和结算领域，特别是当它和区块链平台支持的企业应用与支付相结合时。就目前来说，即使使用当前最先进的支付结构和渠道模式，这些转账也可能需要数天时间才能结算，甚至需要更长时间才能在不同金融机构间进行对账。例如，信用卡支付，或者从一个家庭成员向其他家庭成员汇款，可能需要很长时间才能结算并最终确定。区块链意味着这些当前的痛点和障碍可以全面解决，特别是使用 R3 这种为企业应用程序开发和测试的技术平台。尽管目前这些技术平台的应用和开发仍在进行中，但它确实指出了区块链技术集成能够并可能完全融入全球金融体系之中。

2.2　技术

2.2.1　技术对会计的影响

不可否认，技术和技术创新正在对会计行业产生深远影响。区块链和人工智能，包括加密货币在媒体领域的应用，无疑受到了大量关注和报道，但这仅仅是区块链技术在更广阔的商业领域中最引人注目的应用。区块链的核心思想是一个去中心化的记账系统，允许加密信息几乎实时地传送给网络中的每个个体。信息加密和实时传播这两股力量，代表着信息在组织内部和外部利益相关者之间的创建、传输和沟通范式的转变。诚然，技术整合不一定是会计行业内的一股新力量或新趋势，但新兴工具的内在性质有可能彻底改变会计行业。

财务和会计专家都需要考虑到，虽然技术术语、缩写和行话在不断出新，但技术整合的根本动力始终如一。自动化、数字化以及越来越多地利用技术来处理决策过程，这些已经存在了几十年。从互联网和计算机革命开始，财务服务业就利用技术来实现两个目标（Caruso，2016）。首要目标是降低向最终用户提供财务服务的成本，这反映了消费者期待从市场的其他领域降低成本的动力。在降低成本和增加服务的基础上，财务专家利用技术进步进行扩张和提供额外服务的能力，构成了金融危机后许多机构蓬勃发展的核心竞争力。那么，次要目标就是将组织已经掌握的见解和信息应用于新领域和附加产品，这种增加价值的方式是务实的。

来自各行业的财务专家对各种各样的颠覆性力量做出了反应，这些力量也可能是监管部门的倒退和失察以及行业本身的变化而产生的。自动化已经在财务服务领域存在了几十年，它本身是商业领域中一股不可阻挡的力量，最近的发展和技术工具的迭代使其更加强大。区块链是一个去中心化、分布式的记账系统，其定位至少一定程度上完全重塑和彻底改革了原有的记录方式和其他类别的信息保存方式。从市场的角度来看，信息传递、记录、保存的权力得以分散，显然也将重新定义券商和做市商的角色，包括主要金融机构的职能。

会计专家已经利用技术帮助自动化、改进和精简组织流程。在应对其他行业正在进行的技术变革方面，他们似乎有着得天独厚的优势。然而，需要记住的重要一点是，虽然过去几年中某些技术的术语和细节可能已经发生变化，但会计技术的根本意义和目的没有改变。诚然，技术的自动化和流程的精简化，将消除某些较低级别的工作、任务和流程，但重要的是，每个自动化流程都有额外的机会。随着低水平任务的自动化、委托和外包给其他专业人士，会计专家必须跟上时代的步伐，与影响整个组织的更广泛的商业力量一起发展和演变。技术对会计行业和广大从业人员来说都有潜力，但对于会计专家来说，重要的是有了解这些工具的运作方式的能力，并提高专业水平，而非技术细节。

2.2.2　用技术重新定义职业

简单来说，会计职业历来是一个没有从根本上拥抱技术，也没有走在创新最前沿的劳动力部门。考虑会计行业和会计专家提供服务的背景，这种对变革、创新和颠覆性力量的抵制并不令人惊讶。每当会计界率先尝试创新时，如安然公司（Enron）、世通公司（WorldCom）和雷曼兄弟公司（Lehman Brothers）等组织所采用的创造性做法，最终都是以会计师事务所和从业人员的失败而告终。审计、税务报告、查证、验证和咨询服务，即如何报告信息、由谁接收这些信息以及这些信息对最终用户的结果是什么，也正在经历潜在的范式转变。财务服务业，包括会计和财务专家，尚未跟上服务业迅速数字化转型的步伐。简单地说，重新定义行业不仅需要了解市场上可用的技术工具，还需要能够有效地利用这些工具向利益相关者群体提供数据。

尽管会计界有一些关于职责变动的讨论和失业的担忧，但对于愿意拥抱和利用技术的有识之士来说，技术也将释放出潜在机会。随着低水平任务，甚至是围绕这些低水平任务发展起来的会计师事务所，对新一代从业人员的重要性逐渐降低，财务服务人员向价值链上游移动的能力将在很大程度上决定着个人和组织的竞争优势。毫无疑问，有效地利用技术力量将使这一行业几乎自上而下地转型，并且自动化作为一个技术的具体应用已经成为先驱者。

有几个趋势和特点值得讨论，它涉及自动化以及自动化过程将如何影响财务服务专家在中短期将要做什么和承担什么。自动化将在区块链和人工智能的背景下进行研究，但这里可以而且也应该讲一下基本事实，以便为后续更详细的分析打个基础。第一，对账、记账、编制所得税报告，甚至基本的投资组合分配等较低水平的任务，将会越来越多地能够由非会计专业人员完成，这将迫使注册会计师（CPA）和其他财务专家专注于咨询服务及其他以客户为中心的专业活动。第二，随着某些任务的拓展和自动化，甚至几乎全部外包，财务服务人员必须能够理解和应用技术工具和程序，因为他们需要和内部与外部的同事一起合作。第三，或许最重要的是，这种不断增长的技术集成所带来的最为实际的影响，就是必须在不同组织之间做出艰难抉择，这种转变为专家提供了接受更高水平、更高利润的服务的机会。

银行业和其他财务专家已经看到了颠覆性技术对新兴技术本身各分支的影响。点对点贷款、网络众筹和各种去中心化技术正在持续颠覆和改变组织和企业家获得融资的方式。虽然迄今为止，加密货币是区块链技术最引人注目的应用，但提升组织利用加密货币获得融资的能力仍然是一个新领域。也就是说，财务信息的分发和融资的去中心化，对金融机构的传统运作模式和结构构成了近乎生死存亡的威胁。

2.3 利与弊

财务服务行业对于提供技术或技术解决方案并不陌生，但最近的技术应用和商业融合似乎确实在对财务服务模式做出重新定义。传统上，技术解决方案和相关信息被视为是对专家提供的核心服务和咨询服务的补充。拥有技术并能够利用技术的人具备向市场提供服务并输出价值的能力，这是各行各业恪守的惯例和趋势。区块链、RPA 和人工智能有可能从上到下且从根本上改变财务，所以让我们来看看转型带来的机遇和挑战。

2.3.1 挑战

"这些技术工具将毫不迟疑地迎来一个繁荣和增长的时代"的观点，通常会落空，这对于那些与专业领域无关的人来说尤其如此。例如，区块链通常被认为可以降低成本、减少组织摩擦、为创业者和企业主打开全球市场。人工智能无论采取何种形式，在实际上都被认为能够管理个人生活和职业生活的更多方面。从聊天机器人到医疗诊断，再到金融交易，评估贷款信用等级以及评估审计的有效性，人工智能或基于人工智能的工具被认为是能够全面提高效率的。然而，这些变化所带来的切实的挑战和代价，还没有得到解决。任何参与过此类项目计划的人都可以证明，组织变革是困难的。

随着这些技术工具进入劳动力市场，将有三个方面需要进行评估。首先，一些工作岗位将被淘汰，这是无论如何雄辩都无法开脱的事实。虽然一些将被淘汰的工作主要是较低级别的或由职场新人执行的任务，但事实是这些工作仍然具有重要价值，并为组织和客户提供了有价值的内外部服务。由于自动化程度的提高，工作岗位或将大幅增加，或将全部取消。其次，职业培训和教育实践也必须与时俱进。从逻辑上说，我们可以得出这样的结论，从职业教育到高等教育的整个教育结构都必须与时代并驾齐驱。最后，还应考虑这些技术对市场外包的影响。

2.3.2　外包

对会计专业领域来说，这些技术还可能对市场外包产生影响。在过去，外包可能会使业内人士产生巨大的焦虑和压力，但现在稍许减轻了从业人员的顾虑，并为此找到了一个更合适的称谓：委派（delegation）。简而言之，无论新的流程是否被专家接受，某些任务都将实现自动化，委派较低等级、较低利润率或组织效率不高的任务应该是业务计划向前发展的组成部分。会计和财务方面的组织已经存在于市场中，它们采用了不同的外包和虚拟功能来改进客户服务，产生额外的收入，创造机会吸引新的客户。无论具体术语和措辞如何，外包或委派都将成为近期、中期、长期职业规划的一部分。深入研究和考察哪些外包任务已经成熟，这是跨行业财务服务团体的一项受托责任和义务。

但就现在而言，技术而非管理决策是推动外包、扩大或重新定义财务服务专家的角色和责任的首要力量。如上所述，信息的自动化和分发持续推动了行业变革，当前的角色和流程要么是理所当然地被自动化取代，要么是通过不断增加和变化的监管变得复杂，要么是被不断发声的消费者和监管机构改变，这造成了一些专家圈子的焦虑和压力。

将工作和任务外包出去还是内部分派，这需要财务专家的分析，事实上它需要被纳入决策框架之中。虽然每个组织都是不同的，包含不同的人员，专注于提供不同的服务，但是评估是否外包的决策和标准只与几个核心领域相关联。第一，无论短期分析如何，组织向内部和外部客户提供的核心职能和服务通常不予外包。第二，如果涉及机密信息或知识产权转让，这通常意味着外包不是可行选择，因为不利于将此类信息保留在组织内部。第三，从财务服务专家的角度来看，最重要的是，如果合作或协调是这种外包所必需的一部分，那么通常意味着外包不会发生。考虑到工具本身的颠覆性，区块链和其他新兴技术有可能重建"外包""开发新服务部门"和"进入新市场"的方式。

正如各行业的项目计划表明的那样，外包服务都在强化组织协调和协作精神。从理论的角度看，组织共享信息可能是更有趣的，但这也对组织的业务模式产生了切实的影响。通常的财务服务行情是，这一行业中受雇的组织和公司在"客户、未来客户和新业务部门"方面有激烈的竞争。这些新兴技术特别是区块链的本质是，这些信息应该在不同的组织间进行沟通、分发和共享。这个新的体系似乎对财务机构惯常使用的运作方式有点深恶痛绝，实际上它反映了市场上正在出现的新趋势。客户和当前的以及潜在的未来客户越来越习惯于平台、界面、门户和其他此类信息交流方式，这种趋势当然也适用于财务服务和其他类型的信息服务。

外包服务对于许多组织来说，可能相对直接，但是在数据自动分析以及信息在各合作组织间分发的背景下，这一决策就很复杂。技术集成的增加实际上可能阻碍数据共享或妨碍了与数据加工有关的其他问题，而不是促进数据交流。即使共享和传达的数据，本质上是加密的，组织仍然必须考虑到责任和潜在风险。评估责任和分析持续评估的重要性，并将上述风险评估纳入更广泛的决策过程，意味着从业人员应能够为这些多元问题提供整体解决方案。

2.4 管理者如何驾驭

管理人员和专业人士，特别是在会计和财务服务业，已经面临着多重推动整个行业变革和创新的力量和压力。收益率负担、费用缩减及与非财务人员的竞争，已经引起了员工在运营方面的担忧、压力和焦虑。利用技术力量似乎只是众所周知的待办事项，尤其区块链、人工智能和加密货币这样具有颠覆性的创新力量。也就是说，管理者不仅要了解技术驱动的潜在趋势，还要了解和分析谁在使用这些技术。除了这些驱动力量，重要的是人员的招聘与留用上也要与技术建立联系。例如，即使本组织的一些成员认为投资或学习新兴技术是不合理的，但现实情况也是大不相同的。为了使组织能够在当前的商业环境中生存和发展，获得这些技术的常识是必需的。

最重要的一点是，如果希望利用这些工具来提高绩效，那么管理专家必须了解如何利用这些工具。区块链和人工智能的趋势不仅将从根本上改变金融交易的发生和记录方式，而且还将改变员工的评价方式。随着从业人员的角色不断演变和变化，我们可以想象和评估一下随之而来的业务场景变化。例如，下面的问题绝对值得深入分析。管理者如何评估那些"专门监督自动化流程、软件机器人或其他技术驱动流程"的人？评估标准是否和"专门监督管理团队"的人的标准不同？管理者如何才能获得关于管理者效用的反馈？如果需要一些反馈，什么才是来自机器的反馈？这些都不是空穴来风的问题。能否培养、提拔和造就一批新的领导者，取决于组织能否有效地顺应这些趋势。

此外，不可掉以轻心的是，不同组织的管理专家最终将不得不面对并非所有新兴技术都会获利的事实。

2.4.1 趋势是什么

随着各类区块链、人工智能和加密货币的相继兴起，人们很容易迷失在技术细节中，而不是专注于技术工具的商业应用。也就是说，要使财务服务专家能够充分利用各种技术工具，不仅要关注工具本身，而且要关注如何使用。虽然这不是一份包罗万象的清单，但这些趋势会包括以下内容：

1. 自动化程度的提高

在整个财务服务领域，技术一体化程度的提高所带来的最强大的影响之一，是某些任务和流程可以技术增强或者完全自动化。某些任务和服务的自动化显然不是财务服务领域里一个特别创新的部分，事实上，当前的技术领域正在加速自动化过程。无论是采用数据分析、大数据，还是连续报告的形式，自动化都将是前进的力量。

2. 颠覆性创新

很多情况下，颠覆和创新是商业对话中最被滥用的两个术语。颠覆性创新通常会偶尔让那些担心角色和地位不保的财务服务专家们感到恐惧。也就是说，随着技术工具逐渐变为主流、更易于使用以及可以被客户和其他最终用户感知，那么从流程、工作到整个公司都将发生变革。

3. 现有服务利润率的降低

由于目前的服务工作越来越自动化，得到技术增强，因此我们有理由预期这些服务的利润率将会降低。如果一个程序可以被开发，软件可以被编写，或者其他形式的技术应用可以到达某个业务场景，那么利润率还要保持在当前的水平吗？例如，随着免费或极低成本投资选择的压力不断加大，投资银行和金融机构将需要寻找其他机会来提高运营利润率。会计、投资咨询服务、做市和贷款都将受到利润压缩的影响。

4. 新的业务部门将不断发展

当然，由于现有的服务要么是技术增强型，要么是完全自动化，因此员工将有工作要做。例如，随着信息更容易获得，可供各级组织的员工访问，基于这些信息的各种分析可以作为独立的业务部门和项目进行

展示、打包和销售。这种新业务的迭代和开发并不是全新的，像 Netflix
和 Amazon 这样的组织已经构建了整个业务模型，可以使用更好的数据
来提供更好的结果。

5．更多的竞争

随着财务服务流程的自动化和数字化程度的提高，必须考虑的相关
趋势是，非传统来源的竞争将随着越来越多的会计任务自动化变得日益
激烈。无论是来自以机器人顾问形式的技术，还是来自掌握了技术工具
的非财务专业，这种日益加剧的竞争都与持续教育直接相关。

6．教育将具有持续性

在财务服务市场上，持续教育通常作为强制性要求，也可以视为合
规项目。展望未来，基本的现实是，随着技术浪潮在财务服务领域的影
响力越来越明显，未来的竞争只会越来越激烈。这种由技术更新引发的
竞争加剧不应被视为威胁，它会促进继续教育和职业培训的发展。

这些趋势本身以及相关的特定技术，两方面内容都是本书谈论的核
心，它们的变化和发展几乎与当前市场上通过社交媒体传播新闻一样快
捷。尤其是随着社交媒体和社会化传播在行业、政治和思想领袖中变得
越来越普遍，不断变化的技术和过程将不得不面临持续评估。区块链技
术、加密货币、RPA 和人工智能可能是当下占据主导地位的术语，但如
果时光倒流追溯到 1998 年或 2008 年，人们讨论的技术趋势和力量可能
包括互联网、平板计算机和移动电话，这些技术迭代的过程告诉我们，
单个工具并不像趋势本身那么重要。

2.4.2　谁在使用这些技术

了解这些趋势以及新兴技术是一个好的开端，但现在到底是谁在市场
上使用这些工具呢？显然，技术领域的大多数投资和头条新闻都集中在最
大的几家金融服务公司，但还有许多其他组织实施区块链技术的例子。

虽然本书的重点是为会计和财务专家实施区块链技术和人工智能提

供建议和见解，但理解其他组织的行动，是我们了解委托人和客户需求的基础。特别是深入一些已经使用区块链技术的行业和组织中，似乎有许多例子说明会计专家将如何在现在和将来都能够增加价值。一些具体实例似乎与金融专家当前扮演的角色和履行的职责紧密相关。在不需过多地钻研技术细节和描述文字的情况下，区块链和人工智能已经在推动会计和财务领域的专业人士执行创新性任务。让我们看一下这两个示例以及正在推动的财务服务变革。

智能合约的核心思想是提取合约及其主要内容，它已经在保险、电力和版税领域发挥了巨大的作用，就对财务专家的影响而言，这样的例子比比皆是。复杂信息的确认、解释、报告，对财务人员而言，既是挑战，也是机遇。无论是在行业内，还是在公共环境中，财务专家通常扮演中介的角色，解释信息并传递所述数据的含义。随着智能合约的出现，他们似乎变得更加成熟。在这一概念内核中，合同只是一个由"如果……就……"组成的、明确规定了当事人双方权利和义务的声明。合同信息的数字化已然在市场上广泛使用，智能合约是一次新的迭代，它反映了各类信息在本质上如何逐渐以数字方式被共享和传输。利用智能合约将合同信息进行分层和组合，并利用人工智能技术连续分析数据信息，这种方式潜在地改变着行业规则。

比特币等数字加密货币，对财务服务的专家来说，是区块链和人工智能正在产生深远影响的另一个领域。虽然比特币和其他加密货币最初可能是作为传统的基于交易指令的金融系统的替代品而设计的，但许多知名投资者和加密货币用户都是这些传统市场的参与者。银行、金融机构、财务咨询专家和会计专家都在向更广阔的加密货币领域投资数十亿美元。这类投资的开展有两个主要原因，它们都与加密货币试图替代金融体系的最初基本愿望是无关的。

首先，其他投资者团体在区块链和加密货币领域投入了很多时间和精力，会计和财务专家也在该领域投入了较多的时间和精力。在区块链方面，许多组织已经启动了试点计划，正在测试基于区块链的解决方案，记录下这些计划的结果。从物流协调到食品安全，再到穿越国家和国际线跟踪不同库存物料，区块链的应用在不断增加。具体的行业分支姑且不论，这些组织当然是财务服务的当前和未来客户。为了向它们提供有意义和有价值的服务，财务服务公司至少要自我教育。

其次，不同加密货币的扩散持续加速、转变和发展，并不仅仅只有比特币和其他早期市场进入者。"稳定币、与商品相关的加密货币、国家支持的加密货币和加密资产，以及就此而言仍然模糊不清的报告框架"正在创造高风险高回报的新的交易场景。

简单地说，为了保持目前作为专家顾问的市场地位，甚至说提升和转变成为战略顾问，财务服务专家需要深度关注、理解、研究加密货币领域。即使在 2017 年年底和 2018 年年初的市场抛售之后，整体市场空间仍有数千亿美元的价值。这不仅是一场学术讨论，更是财务服务专家开发和增加新服务项目的一次重大商机。

2.4.3　如何实施

在分析和讨论包括但不限于区块链、人工智能或数据分析在内的前沿技术的实施和采用时，很容易感到不知所措，有可能失去深度。事实上，财务服务专家毫无例外地已经在处理由行业变化和客户需求引发的变化。虽然每个组织各不相同，具体的实现步骤也会因组织而异，但应该考虑一些普遍性想法。让我们具体看看，每个组织都应该考虑的几件事。

1. 确定这些工具是否适合你的组织

围绕财务服务技术和创新领域有很多热门话题，效率是一个重点。现在的市场产品也可以产生许多利益和效率，而一些其他技术平台仅处于试验或探索阶段。尤其是在会计和财务方面，现阶段已经在某些方面投资了数十亿美元，而现行的技术实际上比区块链和人工智能工具更适合当前业务。

2. 选择真正有意义的平台和协议

每一个区块链都可以通过不同方式构建和编程，而且网络上有大量参与者，因此至关重要的是了解到底在投资什么。一些区块链模型和平台正在为特定的行业应用程序做构建，例如财务服务、抵押贷款文档和其他文书密集型业务和食品安全应用程序，因此市场上可能已经存在一个完美契合于客户的区块链平台。这一点同样适用于人工智能，不同的服务提供商开发了特定行业的工具和平台以加快决策过程。同样重要的是，你的业务和客户业务之间的差异可能会使你更适合使用人工智能实现自动化。

3. 弄清楚从哪里开始实施

区块链和人工智能是令人兴奋的创新性议题，但归根结底只是技术工具。一些最实际的技术应用包括自动化流程、减少内部摩擦、腾出时间专注于更高层次的其他主题。这些好处是推动采用和实施创新工具的核心力量，从业者应该寻找可以利用这些新工具实现自动化和提高效率的领域。

4. 与委托人和客户进行讨论

这是无论如何强调都不为过的。采用新兴的技术工具之前，需要确保客户能够理解和接受这些变化。在商业领域，尤其是涉及金融资产处理时，没有什么比让人惊讶或意外更令人不愉快的。客户也可能正在考虑自己采用这些技术，虽然这令人不愉快，但提供合理和客观的建议，只会有助于改善当前和未来客户对你的看法。

5. 确保预算到位

区块链或人工智能本身并不能解决业务上的或来自客户的问题，但并不意味着这些项目不用花钱。一些项目的启动和运行将不可避免地涉及资本支出预算，包括持续的基础经费和运营支持。资金的合理配置始终是战略规划过程的一部分，在新兴技术方面则更为重要。

本章小结

　　本章在专业背景下划定了技术议题，介绍了相对于第 1 章内容更为具体的例子和趋势。这将帮助读者深入了解推动市场变革的核心力量和趋势，强调适应趋势的重要性，并且要能够与更广泛的市场趋势并驾齐驱。对于寻求为新兴技术组织提供理解、建议和咨询业务的专家和从业人员来说，这些技术概念和示例能够以用户友好的方式呈现。从新兴技术的角度讨论和分析本章的内容，"自动化""部分核心趋势和特定任务外包"，以及"以前手动或人工引导任务的数字化"，都是一些基本的市场力量。不管个人或组织旨在拥抱新兴技术，还是在谨慎接近，事实上都是这个趋势确实存在。此外，本章还结合本书以实践为中心的思想和框架，介绍了上述新兴技术工具的应用实例，其他例子则会包括在第二篇的具体内容中介绍。

思考题

　　1．就当前市场正在走向自动化和财务服务数字化的变化趋势而言，区块链和人工智能这两种新兴技术，与更广泛的市场趋势是互补的，还是冲突的？

　　2．是否存在某些行业，如银行、贸易或审计，比其他技术型行业更容易受到干扰？

　　3．面对监管和技术力量的持续发展，你认为专家需要发展哪些技能和能力才能成功地适应这些趋势？

补充阅读材料

NY BitLicense FAQ's – https://www.dfs.ny.gov/apps_and_licensing/virtual_currency_businesses/

bitlicense_faqs

Wyoming Cryptocurrency Regulation – https://bitcoinmagazine.com/articles/wyoming-passes-new-friendly-regulations-crypto-assets/

PwC Cryptocurrency Guidance – https://www.pwc.com/us/en/cfodirect/publications/point-of-view/cryptocurrency-bitcoin-accounting.html

EY IFRS Cryptocurrency Accounting – https://www.ey.com/Publication/vwLUAssets/EY-IFRS-Accounting-for-crypto-assets/$File/EY-IFRS-Accounting-forcrypto-assets.pdf

KPMG Blockchain – https://frv.kpmg.us/reference-library/2018/defining-issues-18-13-blockchain.html

Accountex Trends Report – https://www.accountexnetwork.com/blog/2019/01/accounting-in-2019-changing-priorities/

https://www.accountingtoday.com/news/the-accounting-professions-biggestchallenges

https://www.ifac.org/global-knowledge-gateway/business-reporting/discussion/future-accounting-profession-three-major

http://www.financialpolicycouncil.org/blog/blockchain-u-s-regulation-andgovernance/

https://www.cambridge.org/core/books/blockchain-regulation-and-governance-ineurope/A722E0522BC6C5300AA0813340BD6C04

https://www.fasb.org/jsp/FASB/Page/SectionPage&cid=1176156316498

https://www.investopedia.com/terms/b/blockchain.asp

https://www.accountingtoday.com/opinion/why-automation-is-a-positive-turning-pointfor-accountants

参考文献

Caruso, J. J. (2016). The opportunities of finance and accounting outsourcing. *Pennsylvania CPA Journal, 87*(1), 8–9.

Winsen, J., & Ng, D. (1976). Investor behavior and changes in accounting methods. *Journal of Financial & Quantitative Analysis, 11*(5), 873–881. https://doi.org/10.2307/2330586.

第 3 章

区块链与财务服务的前景

在研究区块链技术给财务服务业和会计从业人员带来的前景影响和应用之前，应该认识到加密货币在更广阔话题中的重要性。2017年第四季度，比特币和其他加密货币价格的上涨速度加快，反映了价值的提升。在更广阔的加密货币领域，大量的利润和投资吸引着个人和机构的注意力。虽然加密货币应用和使用仅仅是区块链话题中的一部分，但它是写入区块链市场词典的最引人注目的例子。深入研究加密货币的定义和意义，是了解新兴技术力量如何推动会计行业向前发展的第一步。

这一想法的核心是加密货币的理念与当前金融市场体系完全矛盾。目前，集中化力量实质上支配着经济和商业前景的每一方面，包括政府、银行、支付组织、其他金融机构、市场监管机构。就算是移动支付或者虚拟专用网（VPN）代理支付，它们与传统的集中处理和验证也没有区别。除了成立中央清算所来处理个人与机构之间的独立付款外，还有伴随付款过程中所需的数据和身份验证。虽然从谷歌到网飞公司，再到主导支付和储蓄领域的一系列金融机构，各组织已经投资了数十亿美元，并让数千人在这些领域工作，但随着时间的推移，数据泄露和黑客攻击的频率和严重性在不断增加。

在这种背景下，加密货币已经被提出可作为传统集中式法定货币和支付方案的替代方案，但这类资产的初始价值主张失败了。由于底层技术工作方式的复杂性，实际使用加密货币作为通用货币仍然很困难。事实上，除了少数几个明星加密货币，其他大量加密货币能否作为交换工具去使用，仍然在摸索之中。就目前来说，这类货币主要被用作类似于股票、证券或大宗商品的备选投资工具。这种从货币工具向投资工具的转变和发展，代表着投资者和机构处理这种情况的方式发生了根本性变化。图 3.1 突显了会计和财务人员在处理、报告和保管加密货币和其他加密资产方面不断出现的一些核心议题。

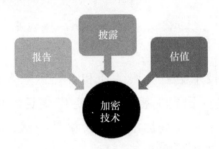

图 3.1　会计与财务的加密技术议题

即使加密货币已经得到资金支持和持续开发，包括稳定币、支付通道、闪电网络和其他新兴加密货币工具，但加密货币的崛起似乎仍在继续。众多加密货币和代币的价格上涨吸引了投资者的兴趣和关注，纵然2018 年价格下跌，现如今市场的兴趣和投资水平仍在继续增加。然而，一个重要的问题仍然没有得到解答：加密货币该被归类为资产还是货币项目？这将推动对加密货币的进一步讨论（Parashar & Rasiwala，2019）。不同的加密货币已经在各经济领域发展，特定的代币甚至被应用到不同行业中。话虽如此，若要承认加密货币领域的利益和迅速增长，需要认识到以下事实的重要性：尽管区块链看起来可能是驱动加密货币的普通技术基础，但它还为整个加密货币领域提供动力。也就是说，这些新兴技术的真正价值不在于加密货币，而是源于为加密货币提供动力的底层技术。2016 年至今，区块链已经获得了大量投资追捧，它是一种新兴技术力量，这迫使从业人员的能力提升必须跟上技术的发展。

3.1　区块链是什么

很少有技术工具或平台能如区块链那样引起众多的争论和话题。特别是在 2016 年和 2017 年出现大量其他加密货币后，每一次会计与财务会议不管在哪里召开，都会不可避免地把区块链放在前两三个议题。相关书籍、文章、播客、视频和系列研讨会也在市场上大量涌现，致使这项技术的观点、话题和辩论很容易让人困惑。也就是说，人们时常觉得搭载区块链这趟快车已经晚了。但事实情况是，关于区块链如何与会计和企业在用的其他技术工具相交叉的问题，一直缺乏明确性和确定性（Barnes，2018）。这种无限制的大量信息和各种观点，也可能导致对区块链技术所代表的内容的混淆和误解。尽管技术本身并不是由特别新颖或创新的功能组成，但是技术集成是推动创新和使商业场景如此兴奋的原因。在就财务领域的区块链潜力展开客观对话之前，必须对区块链到底是什么、核心组件是什么以及这些核心组件的实际含义进行分析。

这不是一部区块链技术发展史的书，但为了了解这项技术在财务服务领域的强大功能，财务专业人士必须了解它的产生和发展过程。区块链和比特币的起源应该开始于 20 世纪 80 年代，而不是 2016 年、2015 年，甚至 2010 年，否则它就不可能是完整的。区块链和比特币从 20 世纪 80 年代的密码朋克运动开始出现并发展壮大，朝着数字和去中心化货币的趋势增长，密码朋克运动融合了自由主义政治观点和计算机科学专业知识。20 世纪 80—90 年代，随着互联网的不断普及以及与商业的融合，人们进行了许多尝试。比特币本身可能具有试图颠覆当前金融体系的特点，但具有讽刺意义的是，一些最早的加密货币的开发者和支持者正是金融机构自己。

现在看来，这些早期尝试很明显是不成功的。它们试图开发一种数字化和分散式方法来跨地理和政治边界传输金融信息，但都失败了。这并不是缺乏专业技术、远见或能力的缘故，而是互联网和金融体系的交互方式存在根本缺陷。简而言之，互联网将所有看似无关的数据和信息凝聚在一起，并在以下两方面极其有效：

首先，创建信息副本以供分发是互联网提供商对个人和机构的真正的价值核心。实际上，在全球范围内传播信息的能力完全改变了商业运作方式。互联网的普及不仅对数据传输有相当明显的影响，还永久性地改变了个人和机构之间的数据传输方式。然而，即使有了这些可能性，互联网本身也只是在个人计算机变得更加普及的时候才达到了范式转换的水平。

其次，个人能够访问、编辑和更改已复制的信息，将其作为新版本重新发送或返回给其他用户，这是一种改变规则的能力。可以想象一个简单的电子邮件附件，它可以是幻灯片、电子文档或工作表，可以在不同的参与者之间来回传输，大多数情况下每个人都可以修改、重新标记和重新附加这个文档。这使得更改工作环境中的文档或编辑媒体文档变得很方便，有关去中心化货币及其流通的想法的核心也在于此。

此外，下面这一点虽不应被过分强调，但也很重要。为了让比特币或其他形式的加密货币能够存在，而且能触及主流市场的兴奋点和引起投资者兴趣，底层的区块链技术必须首先投入使用。此两者的类比和联系是，如果没有区块链，整个加密货币经济和前景将不存在（Limón，2018）；如果没有充分开发区块链技术，加密货币中的"加密"将不存在，或者不会以当前的形式存在。请记住，没有任何嵌入和驱动区块链的核心技术一定是新颖或创新的，当前围绕区块链的讨论充斥着激动和兴奋，人们反而忽视了这一点。虽然比特币和其他加密货币的技术是这些年的成果，但是向数字货币和去中心化货币的转变已经进行了几十年。让我们来看看这些基础技术，以及它们与区块链技术的关系。

3.2 区块链的基础技术

（1）**公钥和私钥（public key and private key）**。从第一个计算机时代在商业环境中开始以来，有关公钥和私钥的协议已经成为计算机编程和分析的一部分（Lopez，2006）。在不考虑技术细节的情况下，确切地说，公钥是一个可以发送任何类型数据的地址，私钥可以被理解为一种必不可少的密钥，它用于解锁和访问公钥网址已接收到的信息。

（2）哈希（hash）。 哈希很明显是一个技术概念，支持哈希的实际计算处理过程是复杂的，但在概念层面它不难理解。在区块链技术的背景下，哈希的关键点在于：①它是一种单向转换，不能撤销；②它是一种辨识指标，可以在整个区块链中进行跟踪、检查和分析。

（3）加密（encryption）。 加密一词并不新颖，也不是与区块链技术本身特别相关的一个概念，但正是区块链中使用的特殊加密使它特别有用和有趣。在比特币区块链上使用的 SHA-256 加密方法，已经被证明是无法用当前的技术和资源破解的，这种方法最初由美国国家安全局（National Security Agency，NSA）开发。人们试图将区块链和比特币作为可行的市场选择，这证明了附加的安全保护设置是无价的。

（4）去中心化（decentralized）。 几十年来，去中心化的信息存储和交流方法一直是众多个人和机构的理想选择，尤其是在不同的市场参与者之间分配财富和数据方面。所以这不是一个新想法，但区块链技术完善了这个想法，并实现了信息安全和即时通信。也就是说，区块链技术的真正价值，不仅在于程序的去中心化性质，还在于记录和信息的分布式特性。

（5）分布式（distributed）。 与现有许多依赖前沿技术和信息通信的信息系统或数据库相比，区块链的记录和信息的分布式特性是独特的。在去中心化系统和信息中，数据和信息的某些方面可能不是在中心节点中处理。就这一点而言，区块链的分布式性质是独特的。

3.3　区块链与财务服务

在前文中提到，许多财务服务人员最有可能是通过比特币等加密货币或其他替代币第一次接触到了区块链技术并参与其中。对于寻求成功集成和处理加密货币的组织来说，全面了解加密货币和区块链技术的相关风险和机会是首要任务。然而，区块链不仅仅是一种使用加密货币的方法和技术，许多有趣和令人兴奋的因素使得区块链技术这个概念变得有些抽象，让一些专业人士难以理解。已经有数百篇文章和书籍包含了区块链的定义，但是出于这次讨论的目的，我使用下面的定义："区块链是一种技术开发和平台，它使区块链网络的成员或用户能够以近乎连续的和迄今仍不可破解的加密方式进行通信。"

区块链技术的核心是支撑系统的分布式账簿技术，对财务服务的专家而言，这项技术未来的应用尤为重要。简而言之，区块链可以概括为一个分布式账簿系统，它允许所有成员以几乎连续的方式访问加密和安全的信息。这可能听起来并不具有革命性，但随着点对点应用程序的开发和实现，这种加密信息传输的能力是增强的。也就是说，与区块链技术相关的最突出的应用程序是加密货币和智能合约，后文将对此进行更深入的研究。

加密和安全是区块链功能的内在要素，它不是以自上而下的方式添加，也不是作为核心软件安装后购买的补充性资源。每个区块链都是不同的，可以使用不同的安全性、加密和密码设置构造，在客户端进行内部和外部对话时，加密和安全性是需要强调的关键点。

从更高的角度看区块链的前景，监管、数据安全、分布式账簿技术和分散化系统的影响都是深远的（Herian，2018）。重要的是，当前整个货币流通体系和财务服务环境仍是集中化模式，支付处理和其他金融交易不仅将被转型和进一步发展，行业的核心职能也将发生变化。审计、验证组织发布和报告的信息的真实性和准确性是会计专业人士向市场提供价值的核心方式。传统意义上的审计需求将发生变化，信息在各种不同的区块链平台上被上传和存储，并获得与数据准确性相关的具有可验证性的一致性检验。简单地说，要求审计人员像现在这样执行任务并与组织接触的需求要么急剧减少，要么几乎完全消失。然而，去中心化不仅会对会计产生影响，财务和融资过程也将受到极大影响。

例如，传统的贷款几乎总是通过集中化的模式进行，并依赖于集中化的资金来源来推动组织发展，当然也有偶尔的"找到我"活动或其他众筹项目等例外情况。委婉地说，通过去中心化的商业模式为组织或大企业融资的想法可能看起来非常激进或异类，但随着区块链技术的普及，这将不可避免会成为生意经。区块链业务的基本思想是对存储在区块链上的信息和数据的分散访问，不管这些信息是财务信息还是其他类型的记录。对这些信息和数据的去中心化访问是区块链技术的核心原则，最终也会承担起资本获取和稳固企业发展路径的传统财务责任（Douaihy，2018）。无论是做市商，还是为寻求融资的客户组织提供咨询的财务专业人士，都在这一领域投入了大量的时间和资源。明确地说，这也表明财务专家们可以在这个市场领域获得丰厚报酬。随着分散融资变得更加寻常，工作时间和薪酬都会发生变化。即便如此，尽管区块链技术有些激进，但必须认识到区块链本身并不是一个创新或新技术平台。

需要强调和说明的另一点是，区块链网络的思想与基于云计算网络的思想需要联系起来。由于区块链允许各种成员连续实时地访问数据，因此采用硬连接和集中式设置是不合适的。通常来说，如果区块链代表互联网的演变，或者说互联网价值的发展，那么新的互联网将是一个基于云计算的平台。若要加入迄今为止最大的网络社区——比特币区块链，可以简单地通过从公开来源下载操作程序。这种易用性和可扩展性是区块链技术思想的核心特征，也是银行、会计师事务所、集中清算机构等对研究和开发这种技术如此感兴趣的原因。

3.4　安全顾虑

云计算自首次进入市场以来，就开始席卷会计和财务服务领域。但是随着云计算的出现和推广，也存在一定的风险需要评估。据称被各组织保护的大量用户信息被黑客入侵、破坏和泄露，相关信息持续地充斥在各媒体的头条上。从财务服务机构到保险公司，再到食品机构和社交媒体网站，与黑客入侵和信息泄露的相关问题已经不可忽视。会计信息、财务信息和那些被财务服务专业人士所掌控的信息和数据是一个虚拟的数据宝库，黑客会利用、窃取和劫持这些数据（EWeek，2018）。现在，我们必须认识到比特币和其他加密货币已经成为全球众多勒索软件进行网络交易时的支付工具。并且，这个隐患背后还蕴藏着一些范围更广、影响更深的结构性问题。

无论谷歌、摩根大通（J.P. Morgan）、脸书（Facebook）、医疗保健网络，还是全食超市（Whole Foods），信息的集中式存储和处理都提供了一些好处和便利。数据的集中式存储可以加快处理速度、降低成本，还可以构建附加的平台和服务，比如人工智能平台。这些附加的平台、服务和协议为消费者带来了好处，增加了产品和服务的选项，以及其他许多对消费者有利的方面。围绕这些存储、处理和利用海量数据与信息的公司，包括整个社交媒体和数据分析公司，如雨后春笋般涌现出来。人们认识到一些事实，即市场中这些公司及其服务广泛存在，信息的集中化也提出了区块链可能解决的一些问题。

集中式的信息中心，无论是物理数据仓库还是存储在云环境中的虚拟数据中心，都为黑客和其他失德行为者创造了集中攻击的机会。可以想象，这不同于盗贼需要探索整个建筑来寻找珍贵物品，因为前者已经明确告知需要集中精力的行动位置。将这个概念深入并扩展到区块链的讨论中，可以认为在当前趋于集中化和分析数据的趋势下，区块链技术似乎能解决此问题。简单来讲，无论组织是何种技术导向，无须依赖特定的组织或部门来保护这些敏感信息，也无须依赖于一个独立的平台或其他技术来保证信息安全。同时，由于加密算法和密码学是区块链技术的核心组成部分，而不是在最初销售后加以安装的附加服务，因此数据记录的每个副本都受到了保护。

此处的关键要点在于，区块链技术的本质是提高有价值的信息和数据周围的安全性，而不是维护、控制和不断增加用于保护信息的财务支出。考虑到全球一些规模最大、最有经验、资金最充足的金融机构已经是黑客攻击和数据泄露的受害者，因此这不是学术问题和理论话题，而是一个重大实践问题。以加密的形式为记录的每一个副本配备增强的安全协议，并为区块链网络的每名成员提供加密记录副本，这是一种范式转变。在此情况下，黑客或其他失德行为者必须要获得对整个记录的访问权限，而非仅仅破坏或获得一份信息记录或副本的访问权限就可以进入系统。

为了本书的目的并解决可能出现的任何明显的混淆和相互矛盾，有必要进行下列定义。

区块链是一种以加密方式传输信息、开展业务以及与其他个人和组织交互的去中心化方法，不需集中式的第三方来验证这些交易的任何方面。关键是要明白区块链和比特币是不一样的，但是由于加密货币需要区块链技术才能发挥作用，因此两者是紧密联系的。

加密货币可以也应该被看成一种运行在底层区块链技术上的应用程序。关于区块链的普遍认识是，若将其比作支撑当前互联网的协议（比如 TCP/IP），网站和其他门户则是运行在这种基础技术上的应用程序。就像人们不需要了解 TCP/IP 的细节内容就可以使用互联网，从业者也不需要了解区块链的技术规则就可以使用加密货币。也就是说，不断发展并增强的机构的关注点集中于一个方面即可，那就是加密货币将如何适应当前投资环境。

3.5　区块链的特征与会计变革

关于区块链技术的核心特征已经有相当多的分析，但是要确保参与讨论的每一个人都在同一基础上工作。对于希望开发此类技术相关的新服务和附加服务的会计和其他财务人员而言，了解这些工具如何推动会计和审计领域的变革尤为重要（Mahbod & Hinton，2019）。技术本身的不同组成部分对财务服务领域的各方面具有不同的含义，因此确保使用准确的定义至关重要。具体地说，让我们来看看区块链最常被讨论的四个特征。

（1）不可篡改。 一旦数据被上传且被网络中其他成员确认核实（一分钟内多次确认），个人信息区块就将不可更改，这一事实是财务领域个人雇员的极大福音。即使在后续的区块中可能会根据最终效果对全部上传信息进行更改，但单个数据区块是不可编辑的。

（2）基于共识的验证。 区块链技术的另一个重要特征是，为了将信息上传并存储在区块链上，必须由网络的其他成员审批和验证该信息。不需要深入研究技术规范，也不需要认识到每个区块链都可以被不同配置的现实，这种共识机制加强了安全性，因为网络的每个成员都参与了此审批过程。

（3）去中心化。 区块链技术和平台的去中心化可能是区块链技术和平台最具有革命性和潜在颠覆性的本质。当然，去中心化的信息存储和验证也面临着某些风险。这些风险因素与在云环境中存储的潜在敏感信息面临的风险是一致的。这说明，信息和技术去中心化的本质并不必然是一个新颖的和革新性路径。区块链概念需要基于云计算才能运行，这对市场上的任何人来说都不是一个新想法。

1）故障风险下降。深入理解后我们发现，将信息的所有权和记录加以去中心化、分散化，可以减少单点故障的风险。默认情况下，单点故障是现在许多中心化网络和系统的一大问题。

2）道德风险降低。通过审批过程去中心化和可以使用各种审批和验证流程构建单一网络这一事实，任何一个单独的行为人所承担的道德违逆行为的风险都降低了。

（4）实时信息交流。 在快速变化的商业环境中，区块链确实为突破当前的瓶颈提供了可能的解决方案，并响应了日益以实时信息为中心的客户和消费者需求。但是在当前技术的应用和进步下，供应链合作伙伴之间如何交互和传输数据仍然有着显著差异。区块链是如何从供应链角度影响市场（包括会计和财务领域）的有关应用和示例如下：

1）供应链和食品安全影响。食品安全几乎是每个人都关心的问题，这一点很重要。IBM 公司是区块链技术的领先者，这并不是说它是唯一参与者，而是 IBM 公司已经开展了大量试行项目并且开始帮助组织跟踪、验证和精准定位食物运输供应链中的痛点。

2）医疗保健。根据评估和参考的特定报道，医疗保健在美国总经济中占到 20%～25%，在经济活动中占用 4 万亿～5 万亿美元。无论对目前医疗保健政策的效率或有效性有何看法，至少它还存在减少错误和遗漏的空间，同时也存在提高运营效率的可能。

3）财务服务。至于本书的深层核心概念，区块链对财务服务的影响，既可能被低估了，也可能被夸大了。区块链本身是一种潜在的颠覆性技术，许多财务个体和组织通过比特币或其他替代币引入了该技术。比特币和其他加密货币早已登上了新闻头版和市场报道，而且区块链技术本身就已经是整个财务服务领域数以亿计的投资焦点。

本章小结

许多财务从业者接触区块链最有可能的方式是，通过最负盛名、也最有争议的应用程序——加密货币。无论是首先出现且影响范围最广的加密货币，还是从 2016 年开始进入市场的其他数千种加密货币，都是每一个财务专家需要认识和了解的。这些发生在更广泛的加密货币领域的问题和发展，一直以较快的速度变化和演进，其中包括稳定币的兴起、去中心化的财务以及区块链技术如何与加密货币相互影响。即使这项技术发展迅速并继续渗透，会计和财务报告仍存在多个领域的未解决问题。本章的基础是记录这些资产、开发与所述资产业务部门，以及新兴主题和方向将如何继续推动财务服务领域的变革。本章的话题是一个贯穿本书的重点主题，后面还包括"稳定币""法规更新""新型金融机构处理加密货币相关活动的潜力"以及它们可能对整个会计和财务前景产生的影响。换句话说，如果从业者或客户正在寻找有关加密货币领域的概述，则可从本章获取所需信息。

思考题

1．客户提出的采用加密货币与否的问题或消费者对使用加密货币的担忧是什么？

2．根据你的理解，加密货币监管的不确定性是有助于中心化，还是进一步去中心化？

3．什么是稳定币？它与传统货币或者完全去中心化的加密货币的本质区别是什么？

补充阅读材料

CPA Journal – Blockchain Basics and Hands-on Guidance – https://www.cpajournal.com/2018/06/19/blockchain-basics-and-hands-on-guidance/

Blockgeeks – What is Blockchain Technology – https://blockgeeks.com/guides/what-is-blockchain- technology/

Forbes – A Complete Beginner's Guide to Blockchain – https://www.forbes.com/sites/bernardmarr/2017/01/24/a-complete-beginners-guide-to-blockchain/#448887d16e60

Cryptocurrencyfacts.com – https://cryptocurrencyfacts.com/

TD Ameritrade – Bitcoin and Cryptocurrency 101: Understanding the Basics – https://tickertape. tdameritrade.com/trading/bitcoin-cryptocurrency-basics-101-16210

Ontario Securities Commission – Digital Coin Basics - https://www.getsmarteraboutmoney.ca/invest/investment-products/cryptoassets/digital-coin-basics/

参考文献

Barnes, N. D. (2018). Blockchain redux – cracking the code on cryptocurrencies. *Information Management Journal, 52*(6), 26–30.

Blockchain, "WHOIS" Services Break Key Requirements of GDPR. (2018). EWeek, 1.

Douaihy, M. (2018). Building a digital wall with blockchain: Shared-ledger technology poised to play a key role in data security. *Multichannel News, 39*(8), 13–N.PAG.

Herian, R. (2018). Regulating disruption: Blockchain, GDPR, and questions of data sovereignty. *Journal of Internet Law, 22*(2), 1–16.

Limón, A. T. (2018). The wild, wild west: Understanding cryptocurrencies and their implications on financial planning. *Journal of Financial Planning*, 40–44.

Lopez, J. (2006). Unleashing public-key cryptography in wireless sensor networks. *Journal of Computer Security, 14*(5), 469–482. https://doi.org/10.3233/JCS-2006-14505.

Mahbod, R., & Hinton, D. (2019). Blockchain: The future of the auditing and assurance profession. *Armed Forces Comptroller, 64*(1), 23–27.

Parashar, N., & Rasiwala, F. (2019). Bitcoin – asset or currency? user's perspective about cryptocurrencies. *IUP Journal of Management Research, 18*(1), 102–122.

Sontakke, K. A., & Ghaisas, A. (2017). Cryptocurrencies: A developing asset class. *International Journal of Business Insights & Transformation, 10*(2), 10–17. https://doi.org/10.1080/ 15404 96X.2016.1193002.

第4章

共识机制

在深入探讨各种区块链的话题之前，讨论如何审批、验证信息并将其添加到现有区块中以形成区块链似乎是合乎逻辑的（Androlfatto，2018）。市场上虽已存在多种迭代方法可供使用，但还有更多未知的方法有待发掘。因此，为这些可选项目设定一个工作基准，将会为财务专家提供必要的技能和信息，以便就这些重要问题进行讨论和提出建议。

为了解完全不同于传统财务服务流程的机制，我们先看一个简单的例子。在传统的财务交易中，如会计分录是用于记录交易或核实与交易对手已签署文档的，初始分录的权限通常由组织中的某个员工承担。通常尽管这个人在进入系统之前可以正确执行角色并捕获任何错误，但是也难免会造成经济损失。有很多例子表明，依赖个人甚至一个组织来作为数据输入和验证的唯一权威是十分失败的。

审计失败是典型的例子。其中一些失败的案例令人震惊，比如一些发生在金融危机期间的案例，以及那些发生频率不高但令人不安的案例。将话题转向市场交易和流动性，摩根大通的伦敦鲸事件（London Whale fiasco）明确说明，即便是在规模最大、最先进的机构中，有关"交易、交易限制和对这些活动的监督"的内部控制也是非常薄弱的。许多其他失败案例表明，集中审批和处理文档的流程实际上相当脆弱。例如，出售带有可靠证明文档或支持的抵押贷款时，报告发布后又撤回，或因为缺乏可靠的数据而妨碍决策制定。尽管如此，对于绝大多数实例来说，集中式数据管理方案可能会非常好地解决问题。然而，随着信息和业务在本质上变得越来越数字化、全球化和分散化，为核心业务运营维护一个集中平台的可能性将不足以推动发展。

让我们来看看市场上使用的三种最有名的基于共识的证明机制：

（1）工作量证明（Proof of Work，PoW）。这是单个节点就可以提交相关算法的一种解决方案。它很难实现，但一旦完成就很容易验证。这是比特币和以太坊区块链中使用的方法，但比其他选项耗电更多，降低了大规模实施的适用性。对于中型甚至大型会计师事务所和客户而言，这种审批协议和共识可能并不高效，也不适用于日常使用。

（2）权益证明（Proof of Stake，PoS）。与 PoW 相反，PoS 是解决算法问题必不可少的竞争品。PoS 协议使用彩票系统来决定哪些节点（成员）可以批准交易和输入信息。被选中审批交易和信息的可能性，取决于涉及的组织或个人所持有的权益，这里的权益特指个人或组织持有的比特币或其他竞争币的数量，虽然这可能导致一些较大的竞争币持有者对入口和区块拥有过大的审批控制权，但也能保证大型的利益相关者在该过程中享有一定的公平性。

（3）消逝时间证明（Proof of Elapsed Time，PoET）。PoET 会指定一个随机模型来确定谁将审批待处理信息块。等待时间最短的节点（成员）将赢得一轮抽奖，但在审批其他块之前必须等待一定的时间。要记住的一点是，为了利用 PoET，所涉及的节点必须运行 Intel 软件保护扩展包（Intel Software Guard Extension），这可能会给某些组织和客户带来问题。

4.1 公有链与私有链

尽管图书、论文、播客、视频和无数的 PPT 经常讨论和分析区块链，认为区块链好像一个既庞大又连续的结构或协议，但这是对该技术的不完整且错误的观点。市场上有更多的区块链定义和类型，但就本话题而言，大致可以分为两大类：公有链和私有链（Bussmann，2017）。

虽然有成百上千可行的区块链模式可供组织采纳，但一般来说有两个可行的类别值得进一步研究。现在似乎是好时机，总结一些既有解释性、又有区别性的定义，让我们看看这两类定义。

4.1.1　公有链

在提到区块链一词时，大多数专业人士可能会想到公有链，其形式是广泛分布的数据库，任何个人或组织都可以加入成为其中一员。公有链本质上是完全去中心化的，提供了高度的匿名性，可以像网络成员所希望的那样功能强大。除了允许任何人加入并成为网络的一员，公有链也是支撑比特币的区块链类型。即使是从更高的视角来看，这种开放式访问也会产生很多弊端和开放性问题，它们与连接、治理和冲突解决机制相关联，都是财务专业人士需要理解的重要问题（Webster & Charfoos，2018）。就目前而言，公有链可以被认为是区块链技术的"理想"版本和类型，正如一些最直言不讳的平台拥护者所认为的那样。

使用公有链模式的一些优势是，由于技术本身的性质，不需要设立中央清算机构或监督机构来核实、清算或确认交易。这可能非常吸引区块链的支持者，或者对当前银行业和监管体系现状不满的个人，但对财务专业人员提出了几个关键问题。例如，如果这个完全分散的财务系统从概念一直到实现，则对中介机构的需求和要求将会减少。这一点吸引了各行业财务人员的注意。如果个人或组织可以在不需要中介机构核实或确认这些数据的情况下相互交易和发送信息，那么银行和其他金融机构还有必要存在吗？

真正的公有链算法存在一些缺点。随着公有链的扩展、增长和规模扩大，个人交易的实际验证和确认可能越来越麻烦。最受欢迎和使用最广的公有链之一是支撑比特币的区块链网络，截至 2018 年，该网络拥有上千万个成员。网络本身的规模不一定使其复杂化，反而是网络规模和数据验证方法的结合可能会导致使用过程复杂化。与前面介绍的工作量证明相联系，这种与比特币和其他公共网络相关的基于审批和共识的验证方法通常就是工作量证明协议。虽然对某些人来说，将数据添加到区块链环境中也许是最真实的数据审批方式，但这可能会在许多交易和交互方面形成瓶颈，这一情况实际上也可以由网络成员进行验证。

例如，2018 年中期，可以验证并添加到比特币区块链（最大和最成熟的区块链网络）的交易量是每秒处理 10~15 笔交易。这不是一个缓慢或烦琐的数据审批速度，但与现有信用卡和其他金融中介机构处理或审批的数据量相比，作为购买工具的比特币的主要缺陷就十分明显。除了效率或速度不如现有审批方法，比特币区块链使用的工作量证明方法还有两个问题值得注意。首先，处理和确认不同交易和信息需要庞大的计算能力和服务器，这意味着，随着区块链变得越来越大，要想成为该网络中的主动方，必须拥有庞大且复杂的计算能力。其次，除了所需的一系列计算能力和基础设施，这种计算设备都需要消耗大量电能。由于电力需求增长迅速，有一些公用事业运营商试图转租或租赁部分地点，以方便区块链审批流程。

4.1.2　私有链

私有链网络的构建和运营方式具有某种混合性质，因此私有链不会被区块链纯粹主义者视为真正的区块链模式。话虽如此，现在重要的是，即使私有链是一种混合的区块链模式，数据添加和审批的基本原理也没有实质性不同。私有链和公有链之间的核心区别是，公有链没有中央枢纽或权威机构，但私有链拥有一个有组织的机构（organizing firm）。该机构可以是任何类型的，可以是银行、其他金融机构，也可以是某种其他类型的组织，例如前面介绍的沃尔玛（Walmart）。

"有组织的机构"一词，目前还缺乏更好的描述或措辞，它是指为区块链的运行编写并制定所有规则和指南的公司或组织。具体来说，它通过嵌入区块链的编码和编程语言，来决定和授权哪些类型的组织可以成为网络的组成部分，以及授权不同的成员做什么。下文的类比有助于将抽象概念与财务服务中每个人都熟悉的概念联系起来。一种考虑私有链的方法是，把它想象成一个可共享的文档，就像一个 Google 文档。创建文件夹或文档的个人可以决定谁有权访问文件或文件夹，以及那些成为网络关系中一部分的个人实际有权执行的操作，就像不同的用户可以具有编辑、评论或仅查看等不同的权限。

因为访问私有链比访问公有链更具限制性，这意味着可以用更简化的方式审批、验证数据并将此信息传达给其他网络成员。客观地看，这些好处是有道理的，与任何人都可以加入并成为其中一部分的公有链不同，私有链的审批程序仅包括直接参与的个人。这种受限成员和各个级别责任的组合还意味着，除了更高效、更实用的商业用途之外，私有链实际上可能是一个更有环保意识的选择。由于"有组织的机构"的监督，网络成员可以使用任何审批和验证过程，这也意味着与使用纯公有链的模式相比，信息的确认和审批可以更省时。

私有链的一些缺点源于技术本身，至于它是如何从纯公共模式转变为私有链模式，无论出于何种目的，这都可以是混合模式。具体而言，对于渴望利用区块链技术的财务服务专家来说，"有组织的机构"能以多种方式构建政策、指南和要求。例如，在私有链网络中，如果"有组织的机构"和协议的编写方式允许一组组织、某些选定的公司或少数几个组织可以上传、验证和检查数据块，而不需其他网络成员的监督，这将对该技术在财务服务中的适用性构成威胁。除了这个根本缺陷，私有区块链模式还有一个基本要求，"有组织的机构"必须具备足够的技术专业知识才能真正领导私有链本身。这不仅是责任，还创造了风险，一旦客户和其他组织加入一个由失德行为者领导的私人网络，则所有网络成员都有潜在风险。

4.2 联盟区块链模式

对于单个组织来说，公有链可能是也可能不是最合适的区块链模式，特别是考虑到存储在平台上的信息的分散性和开放性。尤其 2018

年和 2019 年与加密货币市场相关的价格波动之后，一些投资者和机构越来越不愿投资于公开的或完全去中心化的区块链模式。虽然底层区块链技术和加密货币本身并非完全相同的技术，但它们确实是在同一加密区块链生态系统中运作，不可避免地会彼此影响。相比之下，尽管完全私有区块链模式具有能产生利益和效率的特点，但并不总是适用于所有情况。为了构建和运作私有链，本质上必须有一个公司或组织负责驱动网络本身的运行协议和算法。

某些情况下，例如 IBM 和 Walmart 的合资企业，可以构建内部公开的私有链联盟，作为负责人还拥有构建和维护私有链的技术和财务能力。更重要的是，负责组织的这家公司可能有杠杆作用和议价能力，以帮助实施并要求供应链或网络上的其他成员采用其开发的私有链。也就是说，重要的是认识到这样一个现实，特别是在市场力量相对集中的地区或行业如会计或投资银行，可能有几家机构希望发挥"有组织的机构"的作用。即使有适当的保障和控制措施，也总是存在将信息存储和数据保护外包给第三方公司的风险，尤其是半合作半竞争模式。因此，作为对市场现实的反应，那些希望组建私有链联盟的行业和组织，正在尝试发展新的模式和理念，以期在满足市场需求的同时，仍允许个别公司保有对数据和信息的控制和所有权。

从核心思想上说，最好把联盟区块链模式概括为一个团队共同努力开发和维护的区块链。特定领域的区块链平台已经在房地产、医疗保健、会计、财务以及版税支付和分配领域开发，包括作为服务产品的区块链也开始进入市场（Roberts，2019）。这种策略和想法可以使分析和记录简单，通常还可以降低成本和减少其他实施障碍。例如，对于一个组织来说，将资源和信息集中在复杂技术领域，比让一个组织试图单独承担责任要容易得多。此外，联盟区块链也适用于各类信息在组织和客户之间利益合作与利益冲突交织的财务服务领域。鉴于财务行业的性质，尤其是客户希望提高透明度和信息访问权限的情况下，建立联盟模式可能更合适。

创建一个共同拥有所有权和运营权的区块链模式可以提高信息的透

明度，但也引发了与数据治理相关的责任问题。尤其当它连接到个人身份信息时，责任越来越多地转移到利用该信息来建立、维护模型安全措施的组织上。尽管与这些信息及其存储和传播相关的平台在运营和隐私保护方面存在潜在挑战，但联盟链的开发和运作是可行的。无论是与不同组织之间的成本分散相关，还是与该领域中最大参与者提供的通用平台所带来的监管便利性相关，或是与对标准化报告和分析程序的普遍需求有关，联盟模式似乎确实会为参与者带来好处。

后文将更深入地讨论与不同区块链模式相关的治理和责任问题以及网络安全（cybersecurity）问题，但至少在本书的开头部分提到这些问题是合适的。从公有模式到私有模式再到混合模式，每种区块链模式都有利弊可供考虑，其中一些模式包括在图 4.1 中。

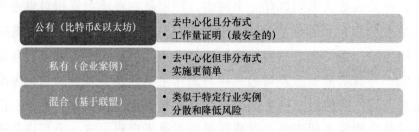

图 4.1　不同区块链模式的亮点和差异

4.3　区块链投资

在财务服务业和其他不同行业，绝大多数区块链领域的投资都集中在私有链领域，这是因为区块链本身可以通过定制和修改来满足特定组织的需求。IBM、四大会计师事务所和其他大型跨国公司正在进行和开发的协作工作就是引人注目的例子，已经在私有链领域开展了大量工作和投资。为响应 IBM、Amazon 和许多其他组织的投资，Microsoft 也公开发行了区块链联盟工具，旨在建立市场框架和标准（Hernandez，2016）。除了利用和构建与加密货币相关的功能和用例外，供应链和标准性文件也是区块链开发的主要领域。

即使目前这些投资活动正在进行，也应当承认这样的现实，即这些投资的可行商业模式较少（Moynihan & Syracuse，2018）。众所周知，商业规模对区块链的运用至关重要，它使该技术可以在传统系统中进行扩展、采用和实施。这就是说，即使在这些平台上投资了数千名员工和数十亿美元的四大会计师事务所和投资组织，也很少有区块链用于大规模市场的例子。当前可能存在特定应用的案例，有用区块链审核某些类别的信息，有将区块链应用于资产验证和税务，但这些解决方案的广泛运用和推出仍在发展中。

现在，证明文件或供应链似乎并未为会计和财务服务的专业人士提供很多保障，但这只是片面的看法。"抵押贷款文书工作""交易结算""确认已全额支付给相关方"以及"跟踪、分析财务信息的工作"都涉及确认、跟踪和传达定量信息。更合适的讨论应该不是专注技术编程方面，而是侧重于在数据验证和通信环境中构建区块链的潜力，将技术与不同的商业用途联系起来。加密货币可能已成为区块链经济前景的热点，但区块链的核心功能既与加密货币直接相关，又与在区块链基础上建立的其他应用程序相关。

在深入研究具体的前瞻性应用之前，有必要重新审视市场上现存信息技术组织与其他的行业参与者之间的合作形式，并关注这种形式的发展和演进。除了一些最大的会计和财务服务组织近乎经常投资和参与，有一个现象可能被忽略了，那就是其他参与者的投资较少，这可能对技术发展带来潜在的制约。迄今为止，区块链领域的许多大规模投资都发生在与财务服务密切相关的领域，不可避免地会对专业部门正在执行的工作和职能产生影响。无论是房地产标准性文件、供应链应用、改善环境举措的合规性，还是有效利用物联网，实践证明区块链的实施和投资是一项价值数十亿美元的事业。

仅关注区块链技术的前瞻性应用，将不可避免地导致某些领域和主题没有得到讨论，但任何新兴技术的分析都是如此。以下是区块链最引人注目的三个应用程序，它们在市场中产生了轰动和反响。

4.3.1　首次代币发行

除加密货币市场外，也许最值得关注的财务（金融）区块链技术组合就是首次代币发行（Initial Coin Offering，ICO）的激增。虽然有许多金融创新的例子，但区块链的使用持续推动了美国的金融创新和开发（Lewis et al.，2017）。ICO 听起来像是某种公开技术或抽象想法，但它与首次公开募股（IPO）没有实质性区别。财务服务的专业人士绝大多数都熟悉 IPO，即一个组织用权益换取现金并为持续运营提供资金。在对组织的影响方面，ICO 以类似的方式运作，用现金交换组织发行的某种东西。此两者也只有以上这些共同点，ICO 发行机构没有直接与投资者交换所有权，而是对不同类型的资产的交易。

还必须认识到这个事实：即使不进行 ICO，发行组织（指寻求筹集资金的公司）也必须使用区块链平台。这一需求已导致市场上可交易的区块链数量的大规模扩展，但也增加了监管的可能性。在撰写和编辑本书时，关于作为 ICO 组成部分而发行的项目和资产的会计核算问题，已有的指导非常有限。让我们来看看与 ICO 相关的一些规范，它们似乎还会增加：

（1）ICO 需要区块链才能产生。 ICO 和区块链技术的联系，与加密货币和区块链技术的联系相似。正如加密货币要求在区块链上运行一样，ICO 要求所有通证（Token）都必须使用区块链技术发行，而无论其目的如何。

（2）所有权可交换也可不交换。 与传统的相对简单的用现金换所有权的 IPO 流程不同，投资者向 ICO 组织提供的现金可能会也可能不会用于交换该组织的所有权。根据筹资的总体目标和管理团队的想法，投资者可能只是收到通证，这是一种不同于直接权益的资产类型。

（3）用通证兑换现金。 2017—2018 年，ICO 的运作方式是将现金兑换成通证，而不是用现金换取股权。通证的具体工作方式和技术细节不在本书讨论，仅介绍通证的基本定义。通证，仅仅是在未来某个时候通过 ICO 筹集资金的组织对权益、产品、服务或最终所有权的选择权。换句话说，通证可以视为选择权。这未必容易理解，后文将进行更彻底的分析。

（4）监管仍在进行中。监管并不令人惊讶，也不应该视为区块链技术的新特征。虽然自 2008 年以来区块链技术一直被讨论，但当比特币（第一个具有规模的区块链实际应用）开始越来越受欢迎时，它才真正引起了公众的关注。ICO 仅仅是区块链技术的最新迭代和演变，通常代表了使用区块链筹集资金的新动向，但监管法规也会随市场力量的变化而做出调整。

（5）ICO 并非更好。现有客户和潜在客户最大的担忧，可能在于 ICO 融资流程是否真的比 IPO 融资流程更好。答案不会唯一，并且各组织之间会有不同，但考虑到监管的不确定性，ICO 似乎并不比传统的 IPO 更适合投资。与某些客户讨论这个问题可能比较艰难，特别是他们对加密货币市场感兴奋时，可能不会认同这一观点，但这毕竟是一个要讨论的问题。

4.3.2 证券型通证发行

撰写有关区块链或人工智能等新兴领域、新兴趋势的综合性文本，始终面临着一个挑战，那就是这一技术一直在不断地演变和发展。随着 2018 年接近尾声并进入 2019 年，ICO 市场的各种迭代持续发展，两种截然不同的力量开始交叉。首先，随着 ICO 数量和财务影响持续增加，监管机构的关注度也在增加。从 SEC 的 2018 年年度报告中可以看到这种日益严格的审查，其中特别提到 ICO 的总体情况，以及在 2019 年及以后委员会计划对市场采取更多的监管行动。然后，这些公司寻求利用 ICO 筹集资金，希望避免与 IPO 相关的合规性成本和文书工作。针对这种情况的监管关注增加是合乎逻辑的，它也是 ICO 大量流行的必然后果。

本书还讨论了一个暂时性解决方案，即利用空投（Airdrops）来帮助寻求筹集资金并提高市场对正在进行不同项目计划的组织的认可。虽然 SEC 和其他监管机构的监管有效性被进一步削弱，但与此相关的会计、财务和监管问题仍在继续探讨。截至本书撰写时，如何对最初通过空投筹集的收益进行征税，以及如何报告这些事件的相关影响仍然是未解决的事项。但可以肯定的是，各监管和监督机构仍在处理和审查这些问题。至少在一些人看来，就像传统金融市场一样，证券型通证发行（Security Token Offering，STO）在最初的加密货币目标和使命之间提供了一种融合。同样，财务服务专家不必成为技术专家，但必须了解这些平台上构建的实际应用及其与传统金融基础设施的交互关系。

STO 实际上可以归类为传统 IPO 流程与许多基于区块链的组织利用 ICO 的中间点。从合规性和报告角度看，在加密货币市场实施和采用 STO 可能有助于解决当前问题，这也可能使加密货币领域比其他市场更麻烦、更难懂或有更高风险。ICO 和 STO 的区别在于，STO 流程分发的通证有基础资产、组织份额或获得组织利润的权利的支持。无论搭配何种标签，在分析 STO 时需要考虑几个关键点。首先，所有 STO 活动都得 SEC 批准，这是每次讨论的重点。然后，尽管许多 ICO 不给投资者任何保护或不分享管理组织的权利，但 STO 的概念是包含这两点的。这看似简单，但从市场确定性和财务影响来看是有很大差异性的。

2018 年年底，SEC 开始对 2017 年和 2018 年期间参与市场各种 ICO 和其他通证发行的个人和机构采取执法行动。这些执法行动包括对有关组织以及个人的有罪判决和数百万美元罚款，这表明监管机构正在评估这一新兴领域的严重性。STO 似乎在 ICO 或其他可能不受监管的区域和更传统的融资模式之间提供了一个解决问题的桥梁。虽然相关进程仍在发展中，但 STO 从财务服务角度（包括会计和市场的角度）来看是一个值得考虑的投资选项。

4.3.3　智能合约

如果 ICO 是加密货币、区块链和财务服务之间最直接的联系，那么智能合约可以说是区块链经济中备受瞩目和经常讨论的衍生应用。显然，不同的区块链网络和协议，会有不同的审批和编码过程，但区块链和合同法之间的联系不像最初看起来那么抽象或互不相干。合同法以及了解合同法的细枝末节，本身就是一个职业，而区块链不会自动使财务专家成为合同法专家。这就是说，商业组织实施的自动化、相互关联以及商业和融资安排的日益复杂，意味着财务服务专家确实要花相当多的时间来处理合同中的一系列问题。

1. 背景

在深入探讨之前，让我们看看财务服务与合同、协议以及协议解释究竟是如何联系的。首先，大家几乎默认，会计信息是由合同、协议、标准解释和分析构成的。无论这些协议和合同是与供应商、客户和合作伙伴签订的，还是受新的 FASB 法规和标准影响，基本趋势是相同的。注册会计师和其他会计从业人员（无论公共部门，还是私营企业）都会花费大量时间理解协议，并将这些协议转化为财务报告。其次，从事各种市场活动（商业贷款、投资银行、贸易、信贷交易）的财务服务的专业人士，越来越多地受到发起人、贷款人和第三方之间复杂协议的影响。

财务服务复杂性增加是一种价值增加的观点，不管人们有何看法，事实是这种情况还会继续发生，并且这种复杂性可能因加密货币与当前未解决的会计问题而被放大（Bruno & Gift，2019）。对协议做说明、向第三方解释协议，并确保财务后果明确，这在任何负责任的受托人中都起着核心作用。这也将此类对话与智能合约对财务服务环境的影响联系起来，加强了管理合规性和审查严格性。在 2007—2008 年金融危机后，全球金融监管日益成为焦点，也有很多的追责流传开来，但无可厚非的是，事后来看，人们对某些金融工具所包含的东西存在误解和误传。财务服务、风险和合规性之间的联系构成了智能合约市场的强大基础。

显然，智能合约并非对每种情况或每家公司都有用或适用，重要的是财务服务专业人士必须意识到它对行业发展的确切意义。例如，审核可以通过人工记录和自动记录各组织之间的信息来改变。针对涉及多个交易对象、大量文书工作以及多个组织批准才能完成交易的行业和情况，智能合约的实施可能会改变游戏规则。数据是最终决定决策过程的因素，不同公司持续审核、分析和处理不同数据的能力很可能决定着成功与失败。为了更深入研究并使智能合约的应用成为可能，应该仔细研究这些项目所代表的确切含义。

2. 深入了解智能合约

合同似乎是一个难以理解的复杂问题，其中某些合同在性质上肯定是非常复杂和详细的，但合同的核心概念可以概括为以下内容。无论行业隶属关系，忽略细节方面，合同都可以被看作一系列推动商业协议向前发展的声明。这些用"如果"和"那么"组合起来的语句，反过来又生成了义务、确保了权利，并保证各组织了解交易的预期结果和实际结果。观点虽然简单，但它为区块链技术、合同法和财务服务的连接建立了坚实的基础。

如果我们能够接受合同是声明和条款的组合与融合这一事实，并且这些声明和条款又产生了与当事人相关的权利和义务，那么对智能合约本身进行更深入的分析就会变得更简单。我们进一步研究了合同究竟包含什么和代表什么，也强调了为什么该领域对区块链的破坏和发展的时机是如此成熟。关于合同法、执行和审查的常见痛点，包括但不限于以下几点：

1）对合同条款有误解。

2）缺乏关注合同细节的意识。

3）提供服务后付款延迟。

4）工作未完成或延迟完成。

5）透明度不足导致合同参与方产生理解偏误。

6）因公司内部错贴标签导致文件丢失。

7）由于缺乏透明度而引发争论和诉讼。

8）聘请外部法律专家的费用高昂。

9）签订和批准合同的时间延迟。

10）不能高效管理时间。

任何在组织内部工作或处理过合同（包括但不限于供应商协议、抵押贷款或其他复杂文档）的人，都会认识到合同改进有巨大潜力。区块链的核心功能使得合同应用变得显而易见，为网络成员之间的通信和信息分发提供了一个实时平台。在当前阶段，区块链主要用于跟踪和监视可能并不信任彼此的各方之间的信息流。区块链技术也常有"信任互联网"或类似称谓，可以用于追溯和验证核心平台中的信息。甚至在最友好的情况下（组织或个人之间曾经开展过业务），合同的签订也是出于以下一些显而易见的原因：

（1）与简单的口头协议相比，通过记录有关各方的条款、条件、义务和权利，可以降低因误解和未来潜在争论带来的风险。区块链启用智能合约还可以通过要求合约中所有相关方验证并批准已上传到平台上的条款和条件来帮助解决信任问题。除了这一必需的验证（在默认情况下，验证会增加最终文档的信任级别），还可以在私有链环境中限制对不同类型信息的访问。这在以前可能是相对较小的细节，但对于存在潜在敏感的合同信息的情况，这是一个必须解决的问题。由于许多合同都有条款，还可能变更，并且涉及不同级别的不同组织，因此向特定用户公开特定数量数据的能力至关重要。保持专有流程和知识产权的机密性越来越重要，这不仅关系到业务进行，而且关系到组织如何在发展中相互影响。

（2）智能合约执行条款、协议并向相关方实时分配角色的功能也代表了对当前管理和合同执行方式的重大改进。无论是在处理日常合同和协议方面，还是在处理诉讼问题方面，时间延迟都是律师事务所和法律专家已经在通过各种技术选择来寻求改善的问题。虽然目前技术工具的重点和实现都集中在人工智能上，但区块链技术也开始成为可行的选择。无论是提高律师事务所和法律专家的效率，还是改善客户体验和信息传递，都是私人律师和律师事务所能够且应该实现的量化收益。减少甚至完全消除与文档和文档分析相关的理解偏差，是区块链帮助解决经常引起客户和律师投诉的痛点的真正有益之处。

（3）建立在前两点上的通信过程中加密的重要性和技术集成。如果通信和数据被黑客攻击、窃取、破坏或以其他方式暴露给市场，那么无论数据传输多么有效，都不会为业务流程增加价值。这不仅仅是一个常规警告，数据被黑客攻击、破坏以及它对组织和个人的影响是一个大问题。无论是一些国家支持的黑客攻击、行动、企业间谍活动，还是个人为利益而发动的勒索软件攻击，潜在现实都一样。一旦数据遭到破坏或暴露，就会给遭到黑客攻击的机构以及信息暴露的个人带来负面影响。到目前为止，区块链本身在各种迭代中还没有被黑客入侵过，因此这一额外的安全和加密层将不可避免地为合法交易增加安全和保护。但是，这里要知晓另一个事实：那些与区块链相关的交易所和组织是遭受过破坏、攻击和其他损害的。

综上所述，"实时通信""加密"和"以共识机制为基础的所有合同条款的要求"的结合，被视为智能合约的本质。的确，区块链本身并未遭到黑客入侵，但区块链技术与互联网其他部分交叉的许多应用程序和门户网站曾受到破坏。加密货币交易所、持有加密货币的钱包以及其他基于区块链技术的应用程序都曾遭遇黑客攻击，其中一些导致了程序和组织的崩溃。智能合约仅仅代表了在底层区块链基础上构建的更为全面的应用程序和计划，因此认识到任何信息存储位置都将可能遭受黑客攻击和数据泄露的风险这一事实非常重要。

4.4　侧链和链外交易

目前在区块链领域和环境中进行的一些最为有趣的工作是：侧链（side chain）、链外交易（off-chain transaction）以及闪电网络（lightning network）。有待指出的是，许多工作处于试验阶段，或仍在进行测试和验收。尽管如此，对不同类型的前沿项目的兴趣、投资和覆盖范围仍在继续增加，世界上一些最大的金融机构参与了这一讨论和研究。在讨论其中一些工具的影响之前，这里先构建定义来推进对话。

比特币区块链是全球规模最大、构造最完善、使用最广泛的区块链网络，但它作为闪电网络的基础还存在几个问题。时间延迟，处理、记录和传输区块链需要大量计算能力、电力以及技术，这些都限制了比特币区块链的实际用途。现在的交易主要用闪电网络。开发闪电网络可能是为了方便比特币及信息的传输，这不可避免地会对其他基于区块链的交易产生影响。让我们来看看闪电网络到底代表了什么和对财务服务从业人员意味着什么。

闪电网络是一种使用加密货币进行商业活动和交易的业务方式，不像比特币交易那样存在时滞和耗电量巨大的问题。在商业交易的背景下，对于两个机构或个人之间进行高水平的业务往来的情况，闪电网络似乎是最合适和最有意义的。例如，在闪电网络下，两个供应商或银行或供应链环境中的任何其他组织进行日常业务都是有意义的。由于这些机构或个人已经相互了解，具有基于交易历史的信任基础，可以连续开展业务，因此人们认为并非每一项数据或交易都必须符合区块链的要求。

确定了适合开发和实施闪电网络的情况后，下一步的讨论集中在如何启动和运行这个想法。从理论上讲，这似乎是相对简单的概念，它代表了比特币、其他区块链金融交易以及如何识别这些交易的结构性转变。闪电网络并不完全依赖于去中心化和半匿名进行的交易和信息交流，而是要求交易双方相互识别。这确实消除了最初区块链的一些特性，但实际上确实更适合于与财务相关的服务和交易。在网络上确定参与交易的各方，而非以匿名的方式交易，无论对于个人还是机构，可以使区块链更符合反洗钱等规定，并了解客户的法律法规遵从情况。为了使区块链在财务服务领域得到更广泛的采用，适应并继续遵守财经法规就很重要。

对闪电网络使用流程的术语表达就是打开一个支付通道（payment channel），并在区块链上记录下来。在支付通道关闭之前，交易可以通过这个通道，也即在机构或个人之间进行。通道可以保持数小时、数天、数周，甚至数年开放，分配的具体时间无关紧要。这个通道关闭时，交易才记录到区块链上。这种设置使区块链具有吸引力，成为大量分析和投资的重点。这些选项确实破坏了隐私性和安全性，但它似乎也解决了阻碍区块链扩展的问题和使区块链在市场上占据领导地位。支付通道是对整个区块链领域的一大冲击，因为这似乎解决了比特币区块链的基本问题——时延（time lag）和时滞（delay）。

4.5 支付通道

支付通道是一个与区块链本身并行的链外运行网络。这些交易以及与之关联的信息并不是每个瞬间都直接存储在区块链上。这样的安排解决了当前区块链技术的一些缺点，如处理速度延迟和处理交易耗时过多。智能合约允许两个或多个连接方同步执行交易，而不必将每个交易传送到网络。相反，在支付通道的生命周期内（可以是数小时到数年），各交易都是在链外存储的。当通道关闭时，将挖掘或确认最终余额，然后将其添加到区块链中。

公司或个人如何将此概念付诸实践？如果两个人或机构想安排和使用支付通道，该流程的第一步是将资金存入通道。如使用支持闪电网络的比特币，则个人或机构可以将比特币存入该通道。使用多重签名（multi-sig）地址，允许多方在彼此之间发送和接收比特币或其他信息，并且等到交易完成后再将这些更改传送到网络，这样就完成了通道的建立。对于财务和交易领域来说，更深远的潜在影响是，个人或机构之间不需要有直接通道，只要存在一条使用现有通道的路径用于交易，就可以使用支付通道协议。由多个组织或个人构建和使用的任何支付通道的关闭过程本身，可以由该通道一部分中的任何单个实体来完成。与使用完整的区块链来验证和发布交易块相比，使用基于闪电的快速交易网络有以下几个明显的优势：

（1）更便宜的交易处理费用。支付通道的成员只需要在通道打开或关闭时进行支付，而不是向网络通道的记账员支付交易费用，而且不要忘记每个块（至少在比特币区块链上）的大小只能是 1MB。对于那些通过支付通道进行成百上千的交易的实体来说，这是一项巨大的成本节约。

（2）更快的交易速度。在作为闪电网络的基础和支持的比特币区块链上，每笔交易需要花费 10min 或更长时间，才能验证和发布到区块链。然而，通过支付通道协议，处理交易速度的唯一限制是相关实体使用的互联网连接速度。

（3）可扩展性。在使用传统区块链时存在一个最难解决的问题，无论是比特币区块链还是以太坊区块链，都不具有很好的可扩展性。缓慢的交易处理速度以及这些网络的建设维护成本意味着，扩展区块链并不是一个可行的目标，除非是市场上少数的最大规模的组织。然而，随着支付通道的实施和应用，这种扩展不仅是可能的，而且非常实用。

（4）安全性。支付通道不仅使用数字签名，还使用哈希时间锁定合约（HTLC），特别是要求所有各方在交易生效之前签署多重签名协议，这些特点可以确保只有预设的接受者才能得到预期代币，因此支付通道代表了市场上的一个安全选项。HTLC 在本质上是有时间限制的，因此参与交易的各方必须声明接收节点或其他信息，以便实际发生时记录交易。

（5）隐私保护。由于个人或机构间的交易是在支付通道中进行的，因此在通道关闭之前，这些信息不会向外广播。而一旦最终数额在区块链上发布，几乎不可能追踪到交易的参与者。

4.6 空投

ICO 是向市场引入新的加密货币或代币的主要手段，但这一领域日益严格的监管审查导致个人和组织开始寻求替代方案。具体来说，目前 SEC 仍在依靠 1946 年以来的豪威检验（Howey Test）来确定和指导通证发行的分类和交易流程。改进和更新该领域法规的主题讨论不少，但仍然很模糊。除了监管讨论，2018 年还举行了许多有关区块链和加密货币以及对整个财务服务前景产生影响的圆桌会议、辩论和听证会。目前的空投与新兴加密货币的发行特别相关，但就像整个加密资产经济一样，整个过程依赖于底层的区块链技术。

在不深究技术基础的情况下，让我们通过一个相对简单的示例来了解空投是如何发生的。绝大多数空投都是由寻求发行代币或从市场筹集资金的组织所领导的。例如，一个组织想要发布一种新的加密货币来吸引用户，提高产品的认知度，并为未来的交易创造一个市场。它可能会将一定数量的代币（以相同方式运行的 1 个、10 个或 100 个代币）投放到比特币区块链上——比特币持有者的公共网址。即使比特币持有者不采取任何行动，这些持有者现在也获得了这些新的代币。这一切似乎是一个简单的过程。但现在，空投所引起的关注与疑问得到了大量的媒体报道，这不可避免地会产生以下问题：

空投应如何征税？对加密货币征税，尤其是对那些区块链和加密货币的交叉利益相关者征税，这对财务服务专业人士来说尤为重要。税收通常不是一个令人愉快的话题，但它是会计或咨询业务的一部分。随着空投在市场上越发普遍，无论是作为 ICO 的替代品，还是作为创建加密货币市场的新方法，这一领域的税收监管将成为重要问题。实践中，一个有待解决的最重要的问题是，这些新主题将如何与区块链生态系统发生交互关系。

本章小结

本章深入探讨了一个最重要的主题，因为它将区块链和加密技术与更广泛的技术趋势以及这些技术对会计和其他财务服务的影响联系起来。可以说，区块链在过去几年成为财务和会计领域最热门和最引人注目的话题，但即使有如此多的报道，客户和从业人员在理解方面似乎仍有差距。本章试图区分市场上可用的不同类型的区块链，以及区块链网络本身能够验证数据的方法。这些差异很重要，它们是技术平台的核心，能够以客观量化的方式从多种类型的区块链中选择出最适配自身需求的一种。与世界上几乎所有其他集中运行的数据输入或存储系统相比，在区块链平台上传和存储数据至少需要一部分网络成员的验证和批准。各类区块链的具体内容有差异，但是基于共识机制的验证总体上是一致的。本章深入探讨了市场中存在的特定类型的共识机制，并分析了这些不同机制对商业交易的意义。

思考题

1．证券型通证发行、首次代币发行和空投各有何不同，又有何相似之处？

2．支付通道能否为更广泛的区块链和加密货币提供关键的潜在承诺？

3．智能合约有许多用例，包括在财务服务方面的使用。智能合约最有希望解决哪些痛点？

补充阅读材料

Blockgeeks – Basic Primer: Blockchain Consensus Protocol – https://blockgeeks. com/guides/blockchain-consensus/

Medium – What is Consensus Algorithm In Blockchain & Different Types Of ConsensusModels – https://medium.com/@BangBitTech/what-is-consensus-algorithm-inblockchain- different-types-of-consensus-models-12cce443fc77

Coindesk – A Short Guide to Consensus Protocols – https://www.coindesk.com/short-guide-blockchain-consensus-protocols

Blockgeeks – Proof of Work versus Proof of Stake – https://blockgeeks.com/guides/proof-of-work-vs-proof-of-stake/

参考文献

Andolfatto, D. (2018). Blockchain: What it is, what it does, and why you probably don't need one. *Review (00149187), 100*(2), 87–95. https://doi.org/10.20955/r.2018.87-95.

Bruno, D. T., & Gift, L. (2019). How businesses can deal with cryptocurrency risks. *Intellectual Property & Technology Law Journal, 31*(3), 20–22.

Bussmann, O. (2017). A public or private blockchain? New Ethereum project could mean both. *American Banker, 182*(41), 1.

Hernandez, P. (2016). Microsoft's consortium blockchain hits azure marketplace. *EWeek*, 1.

Lewis, R., McPartland, J. W., & Ranjan, R. (2017). Blockchain and financial market innovation. *Economic Perspectives, 41*(7), 1–17.

Moynihan, M., & Syracuse, D. (2018). Blockchain, tokens, and mutual funds—We're not there yet. *Investment Lawyer, 25*(7), 11–20.

Roberts, J. J. (2019). JP Morgan alums launch "Blockchain as a service" on AWS. *Fortune.Com*, N.PAG.

Webster, N., & Charfoos, A. (2018). How the distributed public ledger affects Blockchain litigation. *Banking & Financial Services Policy Report, 37*(1), 6–15.

第 5 章

稳定币与去中心化组织

对加密货币进行分类已经成为一个问题，吸引了美国本土及海外几乎所有监管机构的关注，而且这似乎不是一个短期趋势。随着区块链加密货币市场的不断扩大和发展，包括机构投资的增加，对价格稳定和更明确的报告的需求也在增加。

比特币以及其他加密数字货币本身的主要属性和特征之一，是这些项目没有与任何法定或政府发行的货币捆绑在一起。无论是对政治和世界观持自由主义倾向的人，还是在金融危机中受到重创的个体和机构，这种与传统货币供应和政策缺乏关联的新模式，一直被视为加密货币技术的核心优势。也就是说，确实存在一个由法定货币支持的加密货币和其他此类资产市场。这些项目被称为稳定币（stablecoin），是较为新颖的加密货币产品，也可能代表着许多个人和机构使用加密货币的变化，以及这些变化对更广泛的财务服务领域的影响。

从 2017 年开始，一直持续到 2018 年，经历了多次的失败，但也有几次成功，稳定币的概念对不同的市场参与者都有吸引力（Lee，2018）。首先，通过将一种加密货币与既有法定货币和货币体系联系起来，可以降低这些项目的波动性。我们只需看一眼 2017 年比特币的价格走势，就能找到证据。这可能会阻止一些更为保守的投资者和企业接受这些技术和资产，将其作为传统法定货币的替代选择。然而，在稳定币的背景下，真正的增值并不在于它与哪种货币挂钩，而在于这可能会根据稳定币的不同状况有很大不同。美元是这一话题的焦点，但是任何法定货币都可以作为挂钩货币或代币的支撑。

让我们来看看稳定币是如何工作的，以及它与其他加密货币的不同之处，尽管加密技术在本质上都非常相似。从加密货币到稳定币的转换如图 5.1 所示。

图 5.1　从加密货币到稳定币的转换

稳定币的吸引力和稳定币模型的基本逻辑越来越明显地体现在现实世界中，即在一致的基础上，一些组织和机构一直在向市场发行稳定币（Wieczner，2018）。除了有较低的波动性，个别组织也在发行适合更广泛市场的稳定币。包括但不限于《华尔街日报》、普华永道和其他许多大型机构在内的组织，要么正在开发加密货币和私有区块链模型，要么已经开发完成了。然而，稳定币模型的吸引力并不局限于全球领先的大公司，它还可以推动跨行业的决策过程。为了实现稳定币的利益和潜力，财务专业人士不仅必须了解这些工具如何运作，还必须了解稳定币将如何与更广泛的金融体系相互作用。

首先，稳定币是一种与其他稳定价格资产（比如美元或部分黄金储备）挂钩的加密货币。尽管初级的加密货币技术仍在发挥作用并被使用，但由于稳定币还与其他有形资产挂钩，因此最终产品具有较低的波动性。这允许加密货币能够在实际中使用，比如使用加密货币进行支付，作为交换媒介，而不是简单地用作投资工具。加密货币价格的稳定非常重要，这有两方面原因。一方面，短期内的价格稳定使得这些货币能够真正用于交易，因为商家更有可能接受一种不会在每天或每周的基础上大幅波动 20% 的支付方式。另一方面，从长远来看，价格稳定将使稳定币成为更广泛的市场参与者的一个可行的替代投资选择；并且，在投资组合中，更广泛地采用稳定币，也将有助于维持价格的稳定性。

5.1　对财务服务与会计监管的影响

稳定币听起来像是加密货币向着更广泛领域的又一次迭代，它实际上代表了财务服务的专家对加密货币市场分类、报告和评估方式的转变。2018 年 9 月 10 日，被公认为最严格的加密货币监管机构之一的纽约财务服务部（New York Department of Financial Services）批准了GUSD（Gemini Dollar）和 Paxos 标准的引入，开启了这一领域的转型和范式转变。两种稳定币均以 1：1 为基础进行美元担保，并接受定期审计，以确保这一担保率的有效性。除了得到美元的支持和担保，任何稳定币用户都可以随时交易换取美元并将其发送到指定的接收地址。这种与稳定的法定货币相关联的信息的可审核性和可用性的提升，将对财务专业人士在这一领域所扮演的角色产生影响。

随着这些代币的价值估计变得越来越明确且更容易核实，从事鉴证服务的专业人士和依赖数据验证的组织将更愿意使用它们作为实际资产（Tomkies & Valentine，2019）。这与当前加密货币和其他加密资产的报告、托管和文档存在的不确定性和混乱直接相关。如果没有 FASB 在美国的明确指导，也就很难有《公认会计准则》（GAAP）或《国际财务报告准则》（IFRS）对处理或分类的建议，监管环境充其量是模糊的。美国国税局（IRS）将加密货币归类为财产，这意味着无论何时加密货币的所有权发生变化，用作媒介还是用作交换，都有可能发生所得税事项。2018 年 6 月，SEC 试图从会计和财务角度厘清加密货币的报告，创建了加密货币的双重属性结构。简单说就是，当一种加密货币被认为是去中心化的货币，如比特币或以太坊，它将被视为一种商品；而其他加密货币则被归类为权益类证券。这种差别对待为财务服务人员创造了机会，让他们在这个迅速发展的财务领域提升自身价值。

进入市场后，稳定币似乎提供了某些功能，可以很好地替代当前的报告和合规性文档。如前所述，由于这些加密货币与某种资产挂钩，例如黄金、美元或其他法定货币，从而引发了新的议题。截至撰写本书时，以下问题尚无明确答案，但每位财务人员都需要考虑：

1）稳定币与其他加密货币，如用于所得税目的的比特币，有本质区别吗？

2）若稳定币与具有清晰报告和指引的其他资产挂钩，那么你建议它们与挂钩的资产在同一类别中列示，还是作为新增的其他资产列示？

3）稳定币挂钩特性的存在，是否意味着这些货币将与其挂钩货币的波动趋势一致？还是它们将跟随新闻媒体经常报道的那些价格剧烈波动的加密货币的趋势而变动？

4）由于这些不同类型的加密货币或代币是与受各国政府的政治和经济意图影响的法币挂钩和标记的，这是否会降低某些投资者对此类资产的兴趣？

5）由于稳定币与现有资产或项目相关联，因此这些稳定币真的是加密货币吗？

6）最后，但并非不重要，稳定币的实施与推出是否会导致监管分歧？与其他加密货币资产相比，会得到优惠待遇吗？

5.2 稳定币的意义

随着财务服务业自身根据市场需求不断变化和发展，稳定币的一些意义仍在显现，确实有一些需要考虑的因素。随着各类传统的非财务服务企业进入市场，观察诸如 SWIFT 等的反应将是一件有趣的事情（Crosman，2019）。特别是在像加密货币市场这样快速变化和发展的商业环境中，财务服务人员的管理功能显得越发重要。金融危机之后，尤其是对于在投资领域崭露头角的"千禧一代"和"Z 世代"，传统的信任因素将不复存在。特别是考虑到与稳定币市场相关的波动、失败和疑问，该空间的任何诚实守信者都必须注意到以下几个向前发展的领域。

（1）这些稳定币到底是如何被审计或验证的？继 Tether 发行稳定币

（USTD）受到质疑，这已经不是学术问题，而是有让你和你的客户蒙受经济损失的可能。Tether 是第一个上市交易的稳定币，引领了加密货币领域的新趋势，但在 2018 年秋季发生的美元汇率暴跌，给整个资产类别带来了不确定性。财务专家必须意识到加密货币领域所面临的挑战，而且还必须意识到这些挑战是否能够并如何影响稳定币和其他加密货币的发展趋势。加密货币的总体价值和作为交换媒介的利用价值不断增长，这些问题还会被提出。稳定币似乎是一种两全其美的替代品，它融合了总体价值和利用价值的优点。但是会计师和财务专家必须思考如何解决这些问题。

（2）稳定币的价格稳定性是如何建立的？涉及该领域的每个人都必须理解这一点才能提供指导和服务。一种错误的假设是：由于市场上出现的不同的稳定币汇率往往与美元挂钩，因此可以将所有这些稳定币归为一类。这种方法有吸引力，但很不完整，还可能导致错误的决策（Hackett et al.，2019）。可以通过研究以下几个项目来阐述不同之处：

1）价格稳定是如何实现的？流通中的稳定币都有相应法定货币的直接支持吗？还是通过在去中心化的公共区块链如以太坊上执行一系列智能合约来实现价格稳定？相反，也有可能用于商业目的的代币实际上是值得"储备"的稳定币，而且后者也与法定货币挂钩。

2）假设价格的稳定性是可实现的，并且发行机构有技术能力实现稳定，那么另一个问题是，如何核实这些金额？稳定币背后的组织或发行公司是否对其挂钩的美元储备或其他储备进行了审计？如果有，审计工作是由在该领域有丰富专业经验的信誉良好的公司进行的吗？这些问题看起来似乎多余，但鉴于一些主要的稳定币，尤其是最近 Tether 在估值和美元储备的有效性方面遇到了一些问题，这些问题是不容忽视的。

3）支持稳定币运行的初级区块链是否拥有强大的用户和开发基础？或者说，初级区块链本身是否足够强大，能够支撑其承受因不同稳定币的广泛采用而产生的压力和协同使用？整个区块链生态空间相对较新，仍在发展中，但也不能把这个问题推到次要地位。

5.3 额外注意事项

在将稳定币纳入更广泛的金融生态系统的背景下，还有一个需要考虑的因素。从更广泛的角度来看加密货币生态系统，将稳定币集成到加密货币市场中，可以使加密货币作为一种货币工具得到广泛利用。对于加密货币领域的所有讨论、争议和分析，现实情况是多数投资者和利益相关方将加密货币视同投资工具，而不是货币目的。几个关键因素包括但不限于以下几点：

（1）加密货币价格的波动性。尽管这确实会成为耸人听闻的头条新闻、市场评论员的分析热点，以及上行和下行的潜在利益，但这种波动性限制了加密货币用于大规模市场的潜力。稳定币减少了这种价格波动，因为它们与现有货币或其他硬资产绑定，这使它们更适合用作交换媒介。

（2）监管方面的不确定性。显然，加密货币的监管环境仍处在形成和变化过程中，但至少有了资产支撑并与现有监管体系挂钩，这也确实澄清了一些悬而未决的问题。例如，从监管角度看，虽然加密货币本身仍处于兴起阶段，但基础资产已相对完善。在责任方面，无论个人还是机构方面，更清晰的分布式监管框架使整个过程更易于使用和实现。

（3）增加投资者对稳定币的了解。加密货币在使用上的复杂性和多面性，已经使得基于加密货币的交易和服务变得十分困难。除此之外，与加密货币相关的最常见的问题之一，就是许多散户投资者不了解加密货币到底是什么，以及它们与其他数字资产有何不同。稳定币，尤其是那些由知名机构引进和推广的稳定币，实际上可以增加投资者对稳定币的了解。

5.4 分类监管

财务专家可以通过分类监管的方式帮助客户或者行业实现价值，尤其是在客户、同事或经理层致力于寻求更好地了解这些不同资产的确切含义及其对商业决策的意义时。无论讨论的重点是在会计方面，还是在财务服务的通用前景方面，都不如多方面分析的重要。退一步来看，这些对话和辩论必须建立在以信托为导向的基础上。考虑到客户本身以及财务专家所扮演的角色差异，具体问题和要点将有所不同。由于稳定币和其他此类资产将继续成为主流，从合规性报告方面牢记以下各项是重要的：

（1）拥有此类资产的个人和机构的报告内容是什么？ 当前围绕加密货币的报告框架很难说是最好的，而引入另一种高度相关的投资选择，也不能将该报告框架完善到最好。

（2）这些不同投资选择的交易和估值是否存在流动性？ 尽管有几家交易所推出了指数，比特币 ETF（交易所交易基金）也在流通中，但这些市场缺乏流动性仍然令人担忧。尤其是从投资咨询的角度看，这种潜在的流动性不足会在市场波动期间需要舍弃这些项目时引发问题。

（3）对于稳定币与其他类型的加密货币，例如比特币会有不同的指导和建议吗？ 具体来说，这些最新的资产是否能够用作可行的交换媒介，还是由于 IRS 将这些项目归类为财产而受到限制？

关于分类监管的讨论还必须考虑到，就本书而言，重点几乎始终集中在美国法规环境上。虽然这是本书的重点，但重要的是，加密货币的前景和商业市场远远超出美国边界。几乎每个国家或不同地区，对于不同组织如何报告、征税和处理加密货币，都有不同的监管环境和制度。当加密货币市场的交易量和投资趋势受到美国以外的消息和新闻的影响时，保持全球思维和理性分析是至关重要的。

5.5　会计分类

这本书不是专为会计人员所写，也不是只为财务人员而写，相反，它应被视为财务服务领域内所有从业人员的工具和参考书。也就是说，从财务报告的角度来看，如何对这些加密货币和其他加密资产进行分类和报告的会计处理，将始终对整个金融系统产生"涟漪效应"（ripple effects）。截至目前，在美国或全球范围内都没有关于加密资产确定的会计准则或报告指南，这会产生不确定性，限制了对加密货币和稳定币的使用。此外，不同加密资产的会计分类和处理肯定会产生以下财务影响：

由于缺乏明确或权威的指引，行业协会和个体公司都向市场发布了大量白皮书和出版物，以使投资者和用户能对这些加密资产放心。种类繁多的出版物，可能使从业人员和组织难以准确和连续提供与之相关的指导意见或咨询服务。对于财务服务行业的所有人员来说，必须了解不同加密货币、稳定币和其他加密资产的会计处理相关的市场动态。由于缺乏标准和一致的会计准则，除了导致混乱，还为在全球发生的不道德和潜在欺诈事件大开方便之门（Voris et al.，2019）。

在没有其他可用选项的情况下，以下似乎是这些新型资产如何分类的讨论起点：

首先，这些不同的加密资产是否应该被归类为货币，仍然是商业领域的一个热门话题。由于监管机构将加密货币归类为财产（property）并纳入税收报告，因此将加密货币资产和项目作为货币等价物仍然不可行，至少在美国不可行。除监管环境不明朗外，还有一个实际问题正在阻止采用不同的加密货币和加密资产作为流通项目。这就是，除俄亥俄州在 2018 年年底允许州居民用比特币缴纳州税外，加密货币能否在法律层面结算和清偿仍是一个未解决的问题。

其次，各方也给出了类似于库存商品的分类框架。这是另一种加密货币的报告方式。在分类与报告时，除了要考虑该资产的显著特征与库存项目（FIFO、LIFO⊖或其他库存方法）是否相近，还必须考虑这些资产的实际使用意图。对于证券公司或其他类组织而言，将这些项目分类为库存似乎是适当且合理的。但是在其他情况下，由于大多数投资者和加密货币所有者将这些资产作为投资工具，而不是业务核心，因此库存

⊖ FIFO 为 First in First out 的简写，即先进先出；LIFO 为 Last in First out 的简写，即后进先出。——译者注

分类并不适合广泛采用。

美国商品期货交易委员会（CFTC）已经考虑了潜在的法规和立法，以帮助提高加密资产的前景清晰度。将其视为商品会增加监管的内容，不同监管机构已经开始辩论，这也为财务服务的专业人士创造了机会。根据最终对加密资产进行分类和报告的方式，这实际上可能为整个财务服务领域的从业人员创建额外的咨询机会和价值渠道。

5.6　去中心化自治组织

尽管智能合约和 ICO 代表着区块链技术的高端应用，但可以说，去中心化自治组织（Decentralized Autonomous Organizations，DAO）真正代表了区块链的复杂发展以及组织运作范式的转变。组织的构想从历史延续至今，始终是一种集中式控制结构和命令方式，由一个中央源头推动决策、资源分配和目标实现（Stockard，1973）。即使在采用统一的层次结构或分布式管理结构的组织中，也无一例外有一个中央决策者或权威人物，该人物最终可以监督和控制决策。然而在采用更加分散的运营模式的组织中，这种中央指挥结构将会在数字化、流动性和快速发展的业务环境中带来风险。

虽然技术已经产生了效率和效力，包括越来越分散的决策平台和对市场状况的响应，但在某些行业中产生了反作用。人们只需查看整个行业格局，就可以看到有关技术、规模和效率如何导致食品业、科技业、制造业甚至财务服务市场参与者整合的例子。这种整合带来了组织价值——规模效应，拥有为大型项目提供资金支持以及参与国内外竞争的能力。简而言之，整合及效率提升确实有好处，几乎所有说法都认为将全球管理、数据管理和信息保护结合起来至关重要。

显然，去中心化的分散决策本身并不是新事物或特别创新，但若结合区块链技术就可以创造全新的经营方式。对于财务服务专家而言，尤其是涉足公共市场的专家，核心受托职责之一是监督公司治理的执行和部署给管理团队的政策的实施情况，特别是对公开市场的监督。具体而言，积极参与到利益相关者群体中的重要性，能够提升应对各种商业环境变化的能力和适应性，还有与区块链技术相关的更高透明度，它们共同形成了切实的商业机会（Zábojník，2002）。让我们看看 DAO 的确切含义，以及对于现行组织和财务服务从业人员的意义：

（1）DAO 意味着区块链技术。 显然，DAO 在运营、功能和业务方式上是分散的。在技术特性驱动下，区块链是一个去中心化的分布式系统。权力下放的自治组织或自运行组织的想法近乎科幻，实际上这一观点还不足以充分反映区块链技术在市场中的发展。

（2）智能合约促成了 DAO。 目前确实有许多智能合约仍处于测试阶段或原型，但项目计划的数目之多意味着必然有更高级的应用程序产生。随着复杂化智能合约的市场普及，组织的章程和协议被区块链技术增强并自动化这一想法可能不会像最初推测的那样遥不可及。

（3）DAO 并非安全保险。 每当新技术、新平台或新工具进入市场时，最常见的问题之一就是引起轰动效应、过度兴奋和不可避免的失望。经常困扰组织和管理专家的一个问题是，信息安全和技术漏洞以及与公司治理失败的可能性，将无法通过使用新技术得到解决。尽管 DAO 是创建和管理组织、分散命令和控制结构的创新方式，但也可能会阻碍决策的制定。

业务人员和财务人员都必须意识到 DAO 的两面性，DAO 的构造或设置并非没有风险。尤其是当某个人出错时，无论采取了什么预防措施，实施了什么保护机制，以及在 DAO 的软件中内置了什么防护装置，都有发生安全问题的风险。以太坊区块链就以最引人注目的方式表明了这一点。"The DAO"是第一个引入市场供投资者使用的去中心化自治组织，但软件代码存在缺陷，被恶意用户利用，总计 1.5 亿美元被盗。这实际上导致了以太坊区块链创建者 Vitalik Buterin 对以太坊项目的直接干预。虽然问题最终得以解决，但这种干预暴露了 DAO 概念的一个严重缺陷：如果组织本身真正分散并在公共区块链平台上运营，那么问题出现时将如何解决？这不是一个学术或理论上的问题，而是可能导致严重危害的商业隐患。

5.7　商业意义

在目前的产品开发状态下，即使很难以任何特异性来确定 DAO 的含义，也仍有一些可识别的早期应用（Telpner & Ahmadifar，2017）。首先，随着组织可以在某种程度上以分散方式运行，这将有机会让更多个体参与其中。回到最初比特币兴起时，信息、货币和数据传输的民主化得以体现，以后还将随着 DAO 的兴起而持续放大。其次，随着越来越多的人能够建立分散型加密组织，对安全保障和权益保护的需求也越来越大。正如许多加密货币交易所中，交易员和领导者在不同阶段遭遇法律纠纷一样，亟待制定符合《反洗钱法案》（AML）、KYC[⊖]法案、《爱国者法案》和其他法规的协议。

使用区块链时难以完全遵守金融法规、标准和框架，这也正是当前区块链技术应用过程中最难以解决的问题。区块链的问题不是技术本身是否可行，部分组织已经将区块链用于企业级的商业应用，反而是随着监管机构对该领域的兴趣日益增强，需讨论的问题很快将变成区块链是否能够获得官方的采用和实施。美国和海外都有举行听证会，围绕更广泛的区块链生态系统展开对话，正迅速朝着日益严格的监管方向发展。这并不是说，加强监管必然带来负面影响，但确实存在活跃组织必须考虑的问题。

对于财务服务业而言，有趣的是，DAO 如何处理公司治理问题。隶属关系和地理位置，似乎都在给管理层和专家以压力，要求以可持续的方式实现投资回报。传统治理是组织中的小部分人在做处理，这些人

⊖ 是 Know Your Customer 的简写，是银行、信托、保险等金融机构在为客户提供服务时，对账户的实际持有人和实际收益人进行审查，以确认客户是否符合《反洗钱法》、反恐怖主义融资等方面的监管要求。——译者注

又与数量相对有限的外部合作伙伴进行沟通。对于一个完全分散的组织，至少是部分成员匿名的组织，实际上他们还可能位于全球任何地方，这就必须面对一个严峻的问题：究竟哪些人可以代表组织去与公众或市场参与者互动呢？

这不仅是一个学术或理论问题，更是一个实践问题，尤其现在是一个全球范围内正在兴起透明、包容和要求人们承担责任的新时代。组织或管理人士不能再利用信息不对称去限制对信息、见解或反馈的访问，但凡有兴趣获得数据和信息的人应当都可以使用这些信息。除了改善组织的文化和经营理念，政府、DAO 和财务从业人员之间也存在直接或间接联系。特别是在 2007—2008 年的金融危机中，许多错误决策和公司渎职行为被揭露以来，越来越多的倡议和行动计划正在展开，以改变企业参与者与更广泛的市场互动的方式。

无论是采取更多形式关注可持续性、环境问题、人权保障、员工敬业度，还是改善财务业绩与运营绩效之间的联系，治理都越来越多地成为投资者对话的主导。一些最大的投资管理公司和基金的参与，包括黑石集团（Blackrock），在治理对话中发挥了更加积极的作用，其影响显而易见。DAO 向组织和个人开放，以从事商业活动，这也方便了潜在的失德行为者参与到组织中。即使个人和组织并非有意失德或充满恶意，不同的框架、思维方式和观点也可能导致组织运行和市场参与者互动的混乱。不过，这也可以看作机遇，DAO 社区的监管正在与去中心化技术一起发展。

5.8 CPA 与 DAO

CPA 是财务服务行业的一部分，他们在应对区块链、加密货币和 DAO 等高级应用程序的崛起方面处于独特位置。通常来说，组织、管理人员、用户市场、CPA 和其他会计专业人士之间的联系已经位于加密货币问题的最前沿，相关问题随着人们对比特币和加密资产的兴趣不断增长而出现。2017—2018 年，CPA 与加密货币领域的大部分互动都集中在所得税和财务报告方面。这并不奇怪，但随着区块链市场的成熟和发展，这种互动将不可避免地发生演变。分散化运作对组织的影响会改变会计从业人员与客户互动的方式。

首先，最明显的是，在分散和加密的企业管理方法下，从业人员必须解决由谁实际负责税务和财务报告的问题。这听起来近似于 DAO 的治理，那是因为同样的问题也是会计从业人员关注的（Carlson & Selin，2018）。有一个联络点确实可以集中决策的制定过程，但也会为技术信息和操作数据造成单点故障（single point of failure）。

其次，与"单点故障"概念相联系，DAO 社区与基于云的网络没有本质上的区别，后者允许不同成员具有不同的数据访问级别。CPA 和财务专业人士已经习惯于能够访问各种潜在的敏感数据，但 DAO 将这一概念向前推进了一步。允许对本组织的所有权和投资也进行分散管理，使更多的个人有机会参与管理，这也使本组织面临更多不道德活动的可能性。

最重要的是，随着 DAO 变得越来越广泛，财务报告和不同所有者之间的数据协同将同时变得既简单又复杂。使这一过程复杂化的可能是，公司的所有权似乎被层层加密所束缚。确保 DAO 内部以及与潜在的其他 DAO 之间发生的交易和事项符合现有法规和报告，将是从业者的核心受托责任。这些对话和取舍在与区块链和 DAO 的抽象概念并列时可能有矛盾，但这也是这些技术成为主流工具的必要条件。监管将不可避免地随着时间的推移而变化和发展，但这并不意味着已经存在的指引和框架将变得过时或不重要。相反，为了使专家能够与整个市场同步适应和发展，熟悉当前和未来的法规将不可避免地变得更重要。

5.9 分散世界中的咨询服务

对于整个金融生态系统而言，在日益分散化的商业环境里，市场对提供咨询服务的需求可能性在增加。对于咨询业来说，很难夸大规则的变化以及潜在的范式转变对分散环境和商业模式的影响。分散化的思想、组织和理念在整个经济中的传播对当前服务和未来服务机会的影响是重大的。然而，实际开发或提供这些想法和服务之前，评估区块链和分散型组织对金融领域本身的潜在影响也很重要。由于去中心化或分布式业务模型变得越来越普遍，金融系统的核心功能和作用也将发生变化。

本章小结

　　本章分析和探讨了区块链和加密货币领域中最重要的新兴主题之一——稳定币。稳定币和其他类型的企业代币常被认为是介于传统法定货币与完全分散的加密货币之间的混合点或中间点。稳定币的势头正猛，正在迅速获得资金支持。财务服务专家，无论受雇于会计行业还是金融领域，都必须不仅从技术角度理解这些货币如何运作，而且还要从金融结构角度理解它们的含义。尽管这些资产支持的货币并不能完全解决加密货币的价格不稳定和监管不确定性，但它们似乎确实代表了传统法定货币和加密货币之间的一个逻辑中点。既要认识到这些资产确实可能得到法定货币或其他资产的支持，也必须认识到这些项目尚未取得明确的监管。摩根大通推出的企业代币可能是迄今为止最为高调的稳定币的一个应用实例，与美元 1∶1 挂钩，使得稳定币有了一些不同于其他加密货币的差异化，可以适用于更广泛的业务。从业人员必须对稳定币如何运作和融入区块链生态系统有扎实的了解，才能更好地掌握加密货币市场和生态系统，并深入理解这些资产融入传统金融结构的方式和获得投资机会。

思考题

　　1. 稳定币到底是什么？给出几种稳定币与其他加密货币之间的差异，并注意这些差异所带来的商业意义。

2．DAO 是如何运作的？从业务应用的角度来看，DAO 意味着什么？

3．在更广泛地采用稳定币或 DAO 之前，需要考虑哪些因素和解决哪几个核心会计问题？

补充阅读材料

Forbes – Explaining Stablecoins: The Holy Grail of Cryptocurrencies – https://www.forbes.com/sites/shermanlee/2018/03/12/explaining-stable-coins-the-holy-grail-of-crytpocurrency/#78b303394fc6

Coininsider – What is Stablecoin and How Does It Work – https://www.coininsider.com/stablecoins/

Cryptocurrency Facts – What is a Stablecoin – https://cryptocurrencyfacts.com/what-is-a-stable-coin/

Ethereum – What is a Decentralized Autonomous Organization – https://www.ethereum.org/dao

Cointelegraph – What is DAO – https://cointelegraph.com/ethereum-for-beginners/what-is-dao

Coindesk – What is a DAO – https://www.coindesk.com/information/what-is-a-dao-ethereum

参考文献

Carlson, J. J., & Selin, A. M. (2018). Initial coin offerings: Recent regulatory and litigation developments. *Investment Lawyer, 25*(3), 18–30.

Crosman, P. (2019). IBM launches challenge to Ripple and Swift. *American Banker, 184*(53), 1.

Hackett, R., Roberts, J. J., & Wieczner, J. (2019). The ledger: Bitfinex's tether trouble, bitcoin crime, bakkt buys a custodian. *Fortune.Com*, N.PAG.

Lee, P. (2018). Are stablecoins the reinvention of money? *Euromoney, 49*(595), 54–59.

Stockard, J. G. (1973). A training strategy for decentralized organizations. *Public Personnel Management, 2*(3), 200–204. https://doi.org/10.1177/009102607300200310.

Telpner, J. S., & Ahmadifar, T. M. (2017). ICOs, the DAO, and the investment company act of 1940. *Investment Lawyer, 24*(11), 16–33.

Tomkies, M. C., & Valentine, L. P. (2019). Are cryptocurrencies on their way to becoming a trusted payment alternative? *Banking & Financial Services Policy Report, 38*(1), 1–4.

Voris, B. V., Kharif, O., Leising, M., & Bloomberg. (2019). The New York A.G. and the case of $850 Million in missing cryptocurrency. *Fortune.Com*, N.PAG.

Wieczner, J. (2018). IBM is working with a "Crypto Dollar" stablecoin. *Fortune.Com*, 1.

Zábojník, J. (2002). Centralized and decentralized decision making in organizations. *Journal of Labor Economics, 20*(1), 1–22.

第 6 章

人工智能

区块链支持和人工智能（AI）的双重冲击将不可避免地导致焦虑、压力以及潜在误解。在这一点上，AI 的概念看起来似乎更不确定和更难以理解，在本质上可能具有破坏性。AI 此前频繁出现在众多媒体、电影和电视节目中，最常呈现给受众和市场参与者的图像几乎始终对开发人员和用户具有负面性。幸运的是，尽管 AI 的开发和实现已经取得许多进步，当前迭代的局限性仍然很大。换句话说，没有必要担心"人类终结者"来担任会计从业人员的角色。在深入探讨之前，首先提出一个可行的定义，可以帮助财务专业人员理解 AI。

以下是定义之一：AI 是一个计算机程序或程序集，可以增加或最终取代整个过程或至少部分过程中人工参与和监督的需求（图 6.1）。

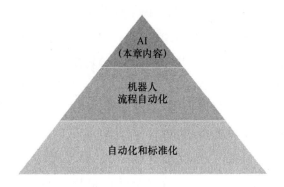

图 6.1 从自动化到 AI

最初 AI 受到了大量关注和媒体报道，但由于其本身的不确定性，最近的报道和分析较少（Lee，2018）。相比之下，区块链和加密货币本身也很难理解，似乎是更新的概念，最初的困惑也很多，但区块链技术工具与现有备选方式之间有相似之处。当然，去中心化分类账系统，也称为 DLT 平台，与当前的集中式处理方式不同，但是它的底层组件可以与 Excel 和 Access 等工具相关联。此外，加密货币只是几种技术工具如何组合的一种表达形式，其中的 P2P 处理能力以及共识数据验证的各组成部分本身并不具有独特性。

与区块链工具或平台相比，AI 的概念似乎模糊不清，与当前的技术或过程少有联系。并且，自动化、数字化和效率提升的挑战和威胁，确实有可能取代和破坏财务从业人员正在执行的核心职能。尽管自动化和数字化确实不是会计和财务领域的新问题，但这些趋势在加速发展，在其他行业已经得到应用（Mehendale & Sherin，2018）。市场上有很多实例，尤为突出的例子即摩根大通如何利用 AI 工具提升审查、合同分析及其他文书工作的速度和效率。但是，这也只是市场上使用 AI 的一个示例。

6.1 人工智能基础

深入研究 IBM 正在进行的工作，Watson 项目计划凭借智力竞赛节目"Jeopardy"一举成名，获得了不少的媒体报道，但这仅代表 AI 应用程序的一种含义。AI 常被讨论或提及，仿佛它代表的是平台或技术，但这是不完整的。在不深究的情况下，AI 至少包括但不限于以下类别：①计算 AI；②语言 AI；③空间 AI；④反应式计算；⑤有限的内存；⑥心理理论；⑦自我意识。

市场上已经有各种类别的 AI，各种组织正以并不明显的方式来使用它们。从特斯拉（Tesla）到优步（Uber），似乎更适合进行技术集成；而像科尔士（Kohl's）和麦当劳（McDonald's）这样的传统型公司组织，也已经在市场上使用了不同类型的 AI（Garbuio & Lin，2019）。全球定位系统（GPS）、语音激活助手（如 Siri 或 Alexa）、保洁机器人

Roombas 以及自动驾驶汽车，都是 AI 的不同形式。越来越清晰的是，AI 已经在市场中广泛存在，财务服务的专家必须与市场一起适应和发展。让我们看看这些不同类别的 AI 对财务服务业的意义以及行业影响。

显然没有一个定义是包含一切的，但这些定义和概念应构成进一步对话的基础。

（1）计算 AI。 由于大多数专业人士将要熟悉这种类型的 AI 并在工作场合中运用，利用其高速的信息处理、计算能力和广泛的信息流进行决策，因此与计算 AI 对话是有道理的。金融和财务服务也不例外，经纪公司在处理量化业务时已经开始使用计算 AI 来提升绩效，并且几乎每个企业都在运营中集成了某种高级处理或计算功能。

（2）语言 AI。 语言学的工作可能使我们联想到英语课或其他的非会计工作。但实际上，语言 AI 是不可或缺的。它能够分析单词和短语，并将语句含义直接转化为业务用于指导商业实践。无论是更精准地把握投资机会，还是更准确地表述报表附注或其他披露的信息以提高可理解性，掌握分析工具和使用数据的能力，对于财务人员来说都至关重要。

（3）空间 AI。 尽管对会计和财务的从业人员而言并不特别重要，但空间 AI 的兴起必将对组织产生影响。具体来说，空间 AI 是驱动大多数自主开发系统和自主经营理念的核心技术，因此对于财务服务人员而言，了解该术语对潜在客户的意义也很重要。

现在，除了财务服务的专业人士必须了解什么是 AI，以及用于业务目的的各类 AI，还可以得出这样的结论，即与以往的职业相比，专家将扮演不同的角色。具体来说，AI、区块链和其他自动化工具的组合与集成，可以推动整个业务领域的变革和创新。从财务角度以及更广泛的角度看，这些技术的结合使从业者和组织可以充分利用并释放其潜在优势。

6.2 AI 和区块链的结合

AI 和区块链最激动人心的地方并不是技术本身，而是在商业领域派生出来的应用机会。虽然这两项技术并不和财务人员的工作职能直接相关，但它们绝对应成为提供咨询服务的基础。换句话说，对于财务从业人员，为了成为一个真正的战略合作伙伴，除了应该了解传统的金融领域，还需要了解 AI 和区块链的潜在应用价值（Preimesberger，2019）。

一个最常见的例子是，AI 和区块链的运作均依靠电力。即使市场上开发和实施了更高效的平台，技术整合的增长也使得人们对于电力和能源的要求难以降低。这种日益增长的能源需求，引发了环境和物流问题，也催生了一系列商业机会。某些潜在的商业机会被纳入考虑，那就是为能源增长提供技术支持的商业地产需求只会继续增加。闲置商业地产的改造、新设施的选址建楼，都会增加房地产行业的投资，这些资源再分配是技术整合增长的副产物。

对于财务人员来说，了解技术进步带来的这些商业机会和应用仅仅是咨询过程中的第一步。要真正提升成为战略商业伙伴，财务专家还需要把技术带来的变革和机会投放到现行商业运作场景中。比如，为了在商业环境中充分利用 AI 的潜力，必须将它集成到整个业务流程中。特别是 AI 和区块链的结合，完全改变了数据被处理、编译、报告的整个过程，代表了一种改变商业规则的潜在可能性。有些公司或机构已经声称利用了前沿的数据技术，并试图把这种技术归为商业资产。虽然这些说法需要被仔细审查，但不可否认的是，信息本身作为商业工具是大趋势，会随着数字化环境的到来越发重要。

会计专家和财务专家经常提的一个目标是，从资产管理或合规管理提升并发展为战略业务伙伴。为了真正实现这一提升，财务服务人员至少要对客户未来的需求和期待有基础了解。仅仅知道技术工具的定义远远不够，财务人员还需要能够把这些零散的概念连接起来。AI、区块链、加密货币，这些涌现的技术本身已经很有实质性意义，当它们结合在一起时，能真正成为改变全球规则的参与者（Anand，2019）。在详细阐述这些技术如何变革会计行业之前，我们先看一下 AI 还有其他自动化技术是如何改变商业流程并带来场景变化的。

（1）不断增长的个性化产品和解决方案。无论是个性化的投资产品、ETF、保险，还是娱乐产品，AI 都能提供有力的支持。尤其对于需要在客户面前保持信誉的财务人员来说，除了需要对市场上已有的产品了如指掌，还需要根据不同客户需求提供个性化服务或产品。

（2）客户再培训和继续教育需求。除了给有意图投资 AI 增强或改进产品的客户提供咨询建议，财务人员还需要为客户提供继续教育和培训。尤其是当商业应用建立在 AI 或各种区块链平台时，客户很容易感到突如其来的压力，这就需要财务专家为客户提供量化指导。

（3）智能合约的实施。智能合约这个名词有时会引起误解，它不是智能和合约的机械组合，而是区块链平台上的一串可执行代码。对于财务专家来说，除了了解智能合约的商业应用，还需要知道 AI 叠加智能合约技术可能引发的涟漪效应。

（4）当前职业角色和服务的减少。许多当前的岗位职能，至少是初级到中级岗位，将会不可避免地受技术融合影响，要么被强化，要么因过时而淘汰。虽然这会对当前劳动力市场造成一定程度的破坏，但也会催生新的机会和商业前景。

6.3　AI 在会计和商业中的应用

上面已经阐述 AI 对商业环境（business environment）有广泛影响，它对财务服务行业也有特别的启示和应用。AI 使得机器和程序能够持续学习和更新内容，这对于财务领域已经存在的自动化和数字化变革趋势可谓锦上添花（Heaton et al.，2017）。然而，AI 的推动力对市场来说是一把双刃剑，尤其对会计和财务领域的影响好坏参半。比如，无论 AI

技术多么精致，如果底层流程设计和执行本身欠佳，那么新技术的引入并不会改善任何东西。

回到核心问题，特别是 AI 对会计、鉴证、财务咨询、投资和其他相关金融领域的影响，我们更应首先分析最有可能被 AI 改变或者已经改变的领域。财务咨询、财务计划、制定投资策略，以应对不同的市场力量，这在以往都是掌握在个人和咨询师手中的，但情况已经有所改变，当前由机构和更广泛的市场所产生的大量数据已经具有某些 AI 属性。运用量化分析工具从大量数据中找到规律和模式、产生分析结果，正是重复了人工分析师的工作。AI 工具已经在处理市场信息、解释市场趋势，将更大的商业前景转化为投资建议和见解。简单地说，智能投资顾问和智能理财师已经存在，而且会越来越重要（Decarlo，2018）。

需要重申的是，让财务专家转型为编程专家以适应 AI 的变化是不必要的。人们并不需要学习 C++语言编程和技术细节，也能完成文件上传。同样的道理，财务从业人员不需要成为 AI 技术专家。相反，随着图形用户界面（GUI）的完善，计算功能会变得更加强大。由此可以预见随着可视化程度的不断改善，AI 还会更加大众化。虽然 AI 会渗透到各技术平台和协议层面，但是绝大多数的功能被放在后端，并不需要前台的操作人员亲自编译。

在会计领域中，随着 AI 的广泛渗透，目前已经有几个成熟领域已做好了迎接 AI 变革的准备，许多会计软件提供商已经在产品端考虑了 AI 工具和流程化，所以重要的是你的 ERP 提供商能确保在已有架构中实施 AI 工具时不会遭遇阻碍。

AI 对审计和鉴证的影响

首先，AI 推动会计行业变革和创新的最为显而易见的领域可能是审计和鉴证。传统审计依赖于对报表的定期、定量审查，对组织及其股东的定性约谈和由这些事项引发的额外的会计分析。这样的审计方法在过去很好地服务了众多组织、公司和会计从业者，但它仍然存在实质性缺陷。关键在于时间滞后，从会计数据的产生到审计行为之间的时间延迟导致存在的错误信息可能需要滞后几个月才被发现。

信息从产生到外部专家复核之间存在时间差，是会计鉴证的重要不足。它也和市场效率息息相关。有效市场假说认为，没有任何一个投资者或者机构能够持续性地获取不对称信息，这一个假说的前提是它们在同一时间内得到等量和同质的信息。目前，信息的发布受制于传统技术，不能很好地实现这一点。

但是，AI 可能会重新定义许多术语和实践。AI 在区块链技术的支持下，才能够真正发挥潜能。虽然 AI 技术定能推动行业产生变革，但是当它加上区块链特性，即数据的不可篡改性和实时显示，整个会计行业的核心职能将发生转变。比如，当数据被加密后记录在区块链上，得到网络内成员授权，AI 工具就可以被用来分析持续增加的海量信息，这对人类工作人员起到了支持而非取代的作用（Briggs，2019）。因为信息已经被加密、授权，仅在隐私网络中和相关团体间流动，审计工作就不再局限于分阶段进行，而是可以随着时间流动连续进行。

除了持续审计的好处外，会计错误也能够被及时发现并纠正，不至于因为长期的错误积累，而对企业或者组织造成严重危害。当然，会计错误和疏漏肯定会持续不断产生，每个组织都努力减少错误，AI 的应用可以使得对于会计错误的觉察几乎是实时的。传统的审计方式是对小范围样本的错误排查，并因此得到对整体的审计意见，这会遗漏一些信息并产生会计错误。虽然如何防范会计错误的方法和协议贯穿了大学教育和继续教育，但是会计错误仍然层出不穷。看一下各种商业报道的标题，就知道审计错误的发生是多么常见。但若运用 AI 技术去处理、分析和报告会计信息，可以大大降低错误率。显而易见，AI 工具的实施和运营也需要人员去监督，但利用 AI 工具可以使得 CPA 和其他会计工作人员节省大量的时间和精力。

AI 对审计和鉴证的影响与市场上会计从业人员和公司所提供的审计、鉴证、认证等系列会计活动利益攸关。尤其当 AI 和区块链、自动化及机器人流程自动化结合在一起时，影响非常深远。比如，如果信息和数据已经被网络内的其他成员所验证，并且被赋予不可篡改的哈希地址，这就产生了一个审计追踪依据。这个过程本身已经改变"游戏规则"，当此规则和 AI 结合，会使得审计方式发生颠覆性改变。这个永久的哈希地址数据，除了可以被人工审查，还可以被各式各样的 AI 模型分析，整个审计流程都将会得到改观。

审计功能转变和进一步发展的含义在于，随着技术工具和平台的增强，审计鉴证服务可以根据不同组织采取多种形式。这几个大的变革趋势正在会计的不同分支和财务服务人员中逐步形成。

6.5 税务报告的意义

从向感兴趣的第三方传达和报告信息的角度来看，可以将税收流程中的部分控制权移交给 AI 程序或内部机器人。这对税法、政策和实际操作如何影响组织产生了一些不够完整的看法。撇开影响税收政策和政策制定过程的政治力量不谈，归根结底，税法和税收政策是两个核心项目。首先，税法和税收政策旨在将投资和利益引导到某些领域，而远离其他方面。政策层面的市场参与者激励和行为引导，实际上可以追溯到 AI 如何帮助税务领域的会计专业人士。解读税法和税收政策条例的演进，归根结底是在解释各种合同、协议和其他定量信息。这将在后面分析讨论，这里的介绍也是有意义的。组织所采取的税法、政策和驱动性税收行动依赖于对信息的分析和解释。无论是 AI 的当前形式还是迭代形式，都尚未投放到这一市场。

鉴于把 AI 集成应用到税务报告或分析的案例已经在国际市场上出现，因此可以合理假设，这种趋势只会随着界面变得更容易使用，而更可能为愈加广泛的最终用户接受。具体而言，在整个业务实践和不同组织中实施 AI，毫无疑问会提高税收合规性以及税收效率。尽管总体上听起来不如 AI 在实现商业和财务目的方面那么有用，但事实是几乎所有组织都有欠税的可能性。在人员和技术资源方面减少持续确保合规性的时间和费用，将带来高效和更好的结果。

6.6 AI 对企业的意义

显然，本书主要面向从事财务服务的个人或组织，我会规避提及 AI 在更广泛的商业范围内的具体应用。会计师、投资顾问和其他财务人员在实际工作中需要向其他管理人员解释当前运营效率和效力的提升并提供建议。每个组织及其管理人员都将受到各种外部力量的挑战。因此，财务专家可以从以下几个方向推动 AI 的应用和未来客户的变革：

首先，AI 最明显的影响将是工作自动化和对中低级工作职位的替代。在各行业和组织领域，许多入门级甚至中级专业人员发挥的作用和承担的职责，实际上都集中在几个主要岗位上。信息分析、发现并解决各种错误、遗漏，以及由不同体系导致的不兼容性问题，会占用大量管理时间。除了大量的时间浪费，每个致力于解决错误的个人和部门都无法分出时间和精力来促进组织的业务发展。无一例外，管理专家和组织乐于将员工重新部署到以业务发展为重点的领域，同时由自动化引起的不可避免的工作转移也将为主动型从业者提供机会（Garwood，2018）。

其次，财务服务专家和其他专家都需要接受继续教育和职业培训。不管是围绕 AI 的热议、炒作，还是考虑到 AI 已经具有的快速发展和集成，人们普遍认为这只是范式转变的第一步。虽然技术本身仍处在开发认证和训练阶段，但这并不是财务专家和企业组织不从事项目开发和继续教育的理由。具体来说，任何培训和教育的核心部分都不仅要包含深入研究 AI 工具的技术方面，还必须研发挖掘其他业务技能。

6.7 AI 对会计的影响

除了 AI 推动行业变革的诸多技术方面，我们还需要认识财务领域所需的专家类型将会发生重大变化这一现实。在 AI 工具、机器人和其他自动化软件变得司空见惯的未来环境中，仅仅继续简单地作为课题专家，或者仅专注于审计、税务或财务的某些方面是不够的。即便当前状态下，从事该行业的个人以及组织，也必须意识到两个重要事实。

首先，在特定会计准则及其解释公告的技术实施领域，成为或者仍是课题专家的想法将越来越不可能。这并不是说它不可行，而是人类将更难匹配越来越强大的 AI 工具和平台的处理和解释能力。这反映了市场中的趋势，财务专家必须拥有与 AI 工具的速度相匹配的处理能力。例如，如果算法提供了答案、事实模式或交易建议，那么从业者将必须能够：①分析该输出以查看是否与数据输入匹配；②确定推荐的策略有无成本效益或在考虑其他因素的情况下是否妥当；③以易于理解的方式解释并向最终用户提供建议。为了提供这些服务中的任何一个，从业者当然需要对技术基础有所了解，但是除了完全依赖于此，还需要发展与之补充的诸多技能。

其次，以 AI 对财务服务的初始影响为基础，为了向最终用户提供一致且高质量的服务，还需要有更全面的方法。这并不意味着服务的核心偏离了财务事务，而是它还将需要来自更多参与者的投入。与简单地让会计或财务专家参与决策过程相反，在此过程中，也应让信息技术专家和法律专家参与进来。例如，如果要在整个组织内实施 AI 程序和流程，这些程序在从测试环境过渡到生产环境时，需要编写代码和程序，进行测试和调试，这就需要技术专家。此外，由于这些不同的计划在整个组织中实施，还必须评估法律影响；如果将 AI 程序设置为自动执行某些信息或数据的分发，则还应监视信息分发的合法性。

6.8 数据驱动决策

将数据驱动决策（Data Driven Decision Making）与 AI 主题联系在一起，是因为首席执行官（CEO）和组织都几乎毫无疑问地表示，正确合理地利用数据是决策过程的核心。在实际商业环境中，现实情况还可能是：许多决定仍然由直觉、本能、过去的记录所驱动。换句话说，即使市场上可用信息比以往任何时候都多，但并非每个组织都有效地利用了这些数据。这种策略不仅在提高公司产生的数据质量和投资方面缺乏效率，而且导致时间利用率低下。简而言之，如果没有人正在查看或使用公司内部的信息，那么产生信息的目的是什么？随着组织内部越来越多的零件和设备连接到物联网，信息量只会继续增加，AI 可以帮助组织理解这些信息。

在信息分析方面，无论是结构化还是非结构化信息，AI 都可以提供帮助，也能扩展会计和财务的服务领域。其中，最常见的两个痛点是：审计确认和资产验证。审计的核心功能包括确认资产负债表上确实存在某些金额、价值及其准确性。当前，这几乎毫无例外地涉及向外部审计公司、供应商或不同客户发送一系列电子邮件，并向客户报告工作结果。显然，在无时间间断（7×24h）的信息时代，信息生成和业务发展的步伐越来越快，依靠这样耗时的手动过程确认数据似乎并不合适。此外，验证资产的实际存在（即库存）是任何初级审核培训和在职经验的重要组成部分，但可能不会为组织带来太多的价值。除了因准确清点库存量而产生财务影响，这也是一个欺诈和其他失德行为发生率惊人的领域。更好地控制库存和库存水平，掌握相关信息动态，将始终为更有效地资本配置创造机会。

无论在公司的哪个阶段提出或实施 AI，都可以增进决策过程。从当前来看，决策过程受各种定性因素的驱动。面对全球化和数字化的环境，不同的信息流入组织，一个显而易见的问题会变得更加突出：每个不同的技术系统和平台都具有围绕各自用户需求而建立的格式化协议和数据系统。从特定的角度来看，这可能是有道理的，在一个组织或组织安排中使用一个独特系统。但是，当试图在不同的公司或合作伙伴组织之间传输数据时，这就产生了一个重大问题。任何曾经花时间尝试手动格式化和协调不同文件类型的专家，都非常清楚尝试纠正这些问题所耗费的时间和精力是多么巨大。

除了耗费不同员工的时间和精力，这还增加了制定决策所需花费的时间，可能会使组织失去潜在机会。小公司执行银行对账时，手动核对文件和格式类型可能只需要几分钟。但是，对于大型组织或与全球交易对手互动的公司，这可能会使信息处理时间呈数小时或数天增加。通过自动化翻译和受过机器训练的 AI 工具和程序流，能够并且已经在提高数据处理和通信方式的速度和效率。另外，随着数据处理能力的提高和通信速度的加快，建立对数据处理方式的内部控制制度显得尤为重要。在以技术改进为主要话题的商业环境中，内部控制似乎是事后的，但并不意味着应该忽略它。就像多米诺骨牌可以引起一系列关联事件一样，如果将不良信息输入到 AI 增强或 AI 驱动程序中，不良数据的后果很快就会恶化和失控。

6.9　AI 破坏

技术集成度提高带来的相关改进和机会，将使一些人员和工作被淘汰。回到 AI 的核心功能，即提高数据分析速度和效率，市场上一些工作将被替代和消亡。与认识到 AI 的好处和优势同样重要的是下行风险。为了认清 AI 的潜在风险和弊端，需要认识到跨学科团队的重要性。随着组织能够更好地利用技术工具和平台来洞察数据，并以较少的人员实现这一点，专家和组织都将需要打破常规局限与约束，用超越传统的价值创造方法进行思考，并寻求新的方法来将价值传递至市场并与之建立联系。

这不是一个新想法，我们能够明显预计到组织将能够实时利用、报告和评估分析数据。然而，市场上正在发生的最重要的趋势和概念是，即使技术不断发展并被不同行业采用，但财务服务行业由于缺乏更好的应用形式而相对滞后。来自不同行业和子行业的从业人员，将来会越来越习惯于使用先进的技术，而不是仅仅依靠现有工具和平台在数字化环境中竞争。

有市场证据表明，亚马逊、网飞和特斯拉等公司正在使用 AI 工具和平台生成更多的定制程序和更好的服务。这些举措有助于留住客户。AI 为你的组织增加价值的一个基本示例就是将其应用于重复发生的任务，例如电子邮件、日程安排和日历管理。乍看起来，这似乎不是最吸引人或激动人心的应用，但现实情况是，对任何寻求改善的人或公司而言，取得早期进展、建立领先优势并从管理层获得更多支持是重要的一步。关于 AI 如何改变财务和会计服务的讨论已经足够，让我们来看一些财务与 AI 的真实例子。

6.10　财务与 AI

将计算机应用到不同的财务流程并不是新鲜事，高速交易和算法经过多方详细讨论、分析和报道，在市场中的主导地位已成为趋势。话虽如此，技术变得日益复杂的同时，也将带来弊端。随着越来越多的交易与在没有直接人工监督和干预的情况下运行的计算机、程序和算法相关联，市场中的大幅波动可能更加频繁。实际上，仅从传闻和市场评论中收集到的信息来看，交易中日益增长的技术优势似乎正在导致下面几种影响。

首先，尽管从历史水平来看波动率在 2015—2018 年间一直处于较低水平，但这并不能说明全部情况。正如某些推测所言，波动率的下降可能与算法交易程序产生的效率提高无关，而与趋势有关。ETF、被动投资工具以及其他投资于期权的资产，已达数万亿美元规模。这些发展趋势有可能对波动率和机器训练模式产生重大影响。简而言之，越来越多的投资者和基金正在投资于相似的交易工具和平台，这可能会对市场波动产生抑制性影响。对于因市场波动加剧而感到紧张的散户投资者而言，这可能是积极的。但还掩盖了一个潜在问题，即如果投资决策是在人为监督之外做出的，则可能会无意中导致市场抛售、资金流出和其他未反映潜在经济现实的行动。

对于财务顾问、规划师和其他专注咨询的财务专家而言，这是一个大好机会，可以为处于市场剧烈波动下的委托人和客户提供实时、真实和可行的业务见解。尽管 2017 年市场波动幅度不大，但 2018 年市场又开始剧烈波动，这就强调了掌控多种自动化服务与流程的重要性。如果某些流程、交易和商业项目写得不好，简单地快速执行这些流程，对组织或客户都没有好处。为了有效地利用技术，从业人员不仅必须了解技术本身的工作原理，而且还要了解如何将其应用于业务决策过程本身。

另一个对财务服务业产生影响的领域是专项报告（ad hoc reporting）和管理报告（management reporting）。实践中，这一领域的专家占相当大的比例，他们主要为管理人员和主管生成报告。这构成了许多会计从业人员执行的日常工作，并且也可以定量地为组织增加价值。尽管如此，与内部管理报告或临时报告相关的主要问题之一，在于数据生成不一致、系统之间不互通以及不同类别的企业之间在生成信息时不可避免地存在时滞。更糟糕的是，在会计专家寻求提升自我和内部工作水平的情况下，耗费在纠正错误、手动调整分录和信息上的时间，侵占了专注于更高层次活动的必要时间。换句话说，如果会计师花太多时间手动创建报告并修复错误，那么将永远无法担任常任战略顾问或商业合作伙伴。

审计和验证工作是会计行业受到 AI 影响的主要领域。虽然之前有讨论，但此处将加以扩展。当前整个审计过程存在痛点，即最终审计意见很大程度上依赖于扩展从少量组织信息样本中得出的结果。即使在审核检查过程中添加了后续的分析程序和实质性测试，审计失败也司空见惯。诸如 IBM Watson 和毕马威（KPMG）在合作伙伴关系下推出的 AI 工具，已经对审计测试、程序以及审计师与现有客户和未来客户交互的方式产生了重大影响。这一演变从对财务信息的面向合规性的功能，过渡到可以连续运行的更全面的业务流程，也与一些其他趋势相关。担保工作、非财务信息以及这些数据对决策过程的重要性之间的联系为会计从业人员开辟了新机遇，这将在后面章节做详细分析。

税务报告和税收问题的讨论通常与令人愉快的信息无关，但并非与本书的主题无关。具体来说，税收政策和税收报告的要求在不断变化，这虽然给相关方面带来诸多困扰，但由此产生的持续对话和争辩，可以被视为机遇。简言之，尽管《减税和就业法》已于 2017 年 12 月 22 日通过，一些个人和组织仍在分析和处理由此项立法而产生的连锁反应。处理项目变更、运营场景分析，并将这些分析的结果转换为可以理解的格式和报告，以便于管理决策，这既是会计专家应扮演的角色，又是 AI 支持的功能。税收会对财务报表的底线项目产生影响，将继续指导投资和未来的运营决策，并将在 AI 的实施和分析中发挥重要作用。

本章小结

本章着重介绍一个经常讨论又容易引起误解的新兴技术——AI。会计和财务的从业人员需要理解的关键一点是，即使此时您自己或所处组织对 AI 用于商业目的并不特别感兴趣，但客户和委托人可能已经运用了 AI。深入研究本书所涵盖的主题，从业者还需要能够理解和交流这样一个现实，即存在适用于不同行业的不同类别的 AI。为此，本章细分了市场上可用的 AI 类型。显然，这不是对现有 AI 类型的全面分析，而是将其作为未来论述和分析的基础。另外，本书和相关材料展示给所有用户和读者的是 AI、RPA 和当前可使用的其他自动化工具的区别。从技术和应用的角度理解 AI 的含义，不仅在当前的市场上很重要，而且对自动化从新兴主题走向主流商业实践的未来也很重要。

思考题

1．从运营的操作角度与观点来看，AI 在自动化和业务流程改进方面代表什么？

2．从业者必须要了解哪些类型的 AI？

3．列出财务服务领域 AI 的潜在应用程序和实例，包括你所在组织中的一些应用程序和实例。

补充阅读材料

Brookings – What is Artificial Intelligence – https://www.brookings.edu/research/what-is-artificial-intelligence/

Investopedia – Artificial Intelligence – https://www.investopedia.com/terms/a/artificial-intelligence-ai.asp

Forbes – The Key Definitions of Artificial Intelligence that Explain It All – https://www.forbes.com/sites/bernardmarr/2018/02/14/the-key-definitions-of-artificial-intelligence-ai-that-explain-its-importance/#6aba8c584f5d

Govtech – Understanding the 4 Types of Artificial Intelligence – https://www.govtech.com/computing/Understanding-the-Four-Types-of-Artificial-Intelligence.html

Medium – Artificial Intelligence: Definitions, Types, Examples, Technologies –https://medium.com/@chethankumargn/artificial-intelligence-definition-types-examples-technologies-962ea75c7b9b

参考文献

Anand, A. (2019). Forensic accounting and the use of artificial intelligence. *Pennsylvania CPA Journal*, 1–3.

Briggs, T. (2019). Use AI to enhance human intelligence, not eliminate it. *Journal of Financial Planning, 32*(1), 26–27.

Decarlo, S. (2018). A new edge for pro investors. *Fortune, 178*(5), 101.

Garbuio, M., & Lin, N. (2019). Artificial intelligence as a growth engine for health care startups: Emerging Business Models. *California Management Review, 61*(2), 59–83. https://doi.org/10.1177/0008125618811931.

Garwood, M. (2018). Ai & machine learning. *Mix*, 9.

Heaton, J. B., Polson, N. G., & Witte, J. H. (2017). Deep learning for finance: Deep portfolios. *Applied Stochastic Models in Business & Industry, 33*(1), 3–12. https://doi.org/10.1002/asmb.2209.

Lee, K. (2018). The four waves of A.I. *Fortune, 178*(5), 92–94.

Mehendale, A., & Sherin, H. R. N. (2018). Application of artificial intelligence (Ai) for effective and adaptive sales forecasting. *Journal of Contemporary Management Research, 12*(2), 17–35.

Preimesberger, C. (2019). Six advantages of human-aided, "Artificial" artificial intelligence. *EWeek*, N.PAG.

第 7 章

机器人流程自动化

AI 显然是一个具有潜在"破坏性"的技术工具，除了观察其在财务和会计领域中的应用外，进一步观察整体商业环境也很重要。本书通过深入研究，对人员和技术工具的市场定位进行分析，可能合乎逻辑的结论是：目前实施 AI 平台不是一个切实可行的选择。此外，基于有些个人将比组织内的其他人较少参与技术过程的现实情况，机器人流程自动化（RPA）能够提供一些成熟的区块链或 AI 无法提供的好处（图 7.1）。

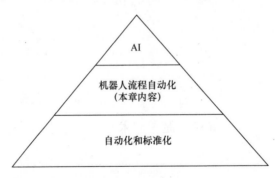

图 7.1　从自动化到 AI

（1）目前市场上有各种各样的组织提供 RPA 和其他自动化解决方案，并已经过测试、验证而被其他公司采用（Seasongood，2016）。这些方案不同于那些最终可能提供更多的承诺和好处但仍处于测试阶段的想法和概念，它们为实现额外的投资提供了平台。但由于缺乏更好的思维方式，能够提供的可行产品被认为是"即插即用"模式，而不是彻底实施或调整现有的技术解决方案，这使得 RPA 在实施过程中与现有系统的协调方面更加简单。随着技术工具和备选方案的不断升级和力度加大，确定现实可行的解决方案和产品以供当下和今后使用，对于推动战略规划向前发展的财务专家来说十分重要。

（2）RPA 技术工具的实施很可能为技术构建和数据分析提供机会。这不仅是对 AI 或区块链，而且是一个全面解决方案。新兴技术和创新解决方案并不能平等地处理每一种情况或问题，但重要的是通过制订计划和战略将新兴技术与现有工具和选择结合起来，以改进决策过程（Preimesberger，2018）。与决策过程本身的作用联系起来，考虑数据的重要性，验证上述信息并从这些数据中产生见解，形成了评估决策和选项的基础。然而，对于决策而言，评估这些选项与最终的选择同样重要。在数字化环境中，越来越多的数据和信息被数字化存储，并通过连接组织与内部和外部利益相关方的网络传输。信息分析和报告变得越来越迫切，而 RPA 为此提供了一种实用的策略和解决方案。

（3）RPA 还提供了任何情况下（无论技术应用程度如何）都应在组织中进行的其他活动。在技术工具和平台的多样性和速度不断提升并对财务专家变得日益重要的情况下，这一点尤其需要强调。归根结底，仅仅在有缺陷的流程上添加技术工具或所谓的解决方案，并不会带来实质性改进。相反，这些流程中已经存在的缺陷和不足，只会随之加剧。现在，我们即将由第一篇切换到第二篇新兴技术在财务服务中的应用及启示，似乎是时候去重新审视为促进技术解决方案而应进行的一些关键项目和流程。

1）识别和分类。无论行业属性如何，会计和财务领域的一个共同问题是都没有适当的识别过程，也没有在适当类别内进行分类，特别是在自动化方面。重要的是要记住技术本身只会放大、而非改进组织目前使用的流程、条目或程序。为各类事项（item）、报告和其他信息创建分类方案是任何技术实现的第一步。如若不这样做，技术实现就像是一个临时性方案，因此创建一个框架是必不可少的一步。

2）文件记录。很显然，与其他任何指令、报告或沟通流程一样，记录现有程序的执行过程是任何情况下都应进行的。尽管文件或文档的重要性在客观上显而易见，但我们很容易忽视实际上这项工作的艰巨性。花一分钟想一想做花生酱和果冻三明治的简单过程，想象一下你会采取哪些步骤。如果被问到，过程可能是这样的，"先把花生酱涂在面包上，再把果冻在另一片面包上摊开，然后把它们合在一起"。但这真的是对过程本身真实准确的描述吗？从一个 RPA 工具、AI 平台或其他类型的自动化角度来看，这种描述是远远不够的。让我们来看看其中值得考虑的一些差异。

3）自动化的过程可能很复杂。重温花生酱和果冻三明治的例子，让我们从自动化的角度看看什么更实用。

a. 进入厨房。

b. 打开抽屉，取出两件餐具。当然还需决定是选择哪种餐具，是刀还是勺子。

c. 打开橱柜，取出一个盘子。

d. 把盘子和餐具放在台面上。

e. 打开面包柜，取出面包。

f. 把面包放在台面上。

g. 打开面包包装，取出两片面包。

h. 把不用的面包放回面包柜。

i. 打开橱柜，取出花生酱和果冻。

j. 把花生酱和果冻放在台面上。

k. 打开装花生酱和果冻的罐子。

l. 用餐具在一片面包上涂上花生酱。

m. 用餐具把果冻涂在另一片面包上。

n. 把一片面包放在另一片面包的上面，确保面包的两边与上面的配料对齐，这样它们才会真正对齐。

显然，从自动化和自动化过程来看，制作花生酱和果冻三明治的过程比个人想象的复杂得多。虽然这个例子看起来有点傻，但它确实说明了以下要点：自动化流程要求流程中的每个细微步骤都能被记录和理解，并在整个流程中被一致地应用。同样重要的是，这并非纯粹的理论话题，也不是可以脱离实践的学术辩论。会计流程的数字化和自动化已经开始，而且会在全球范围内加速。

7.1 RPA 产品

这不是一本推销手册，没有任何产品被列为推荐的解决方案，也没有任何优先的服务提供商描述。但这里需要强调一点，我们认为各类技术解决方案都存在各自的问题。与市场上未必能够按计划成功实施的 AI 或区块链解决方案相比，RPA 是一个较成熟市场，并在过去 15~20 年中创造了数十亿美元的市场价值（Gex & Minor，2019）。无论内部方面，还是客户咨询方面，不同的产品和服务显然能够更好地适合于不同的组织，但是基本要点不变。RPA 解决方案和产品已经在市场上推出，接下来应该把重点放在连接 RPA 到更复杂的技术选项上。这两方面都会成为技术话题。在自动化和数字化领域，RPA 可以被视为能够带来更复杂、更先进的解决方案的基础平台和应用程序（Alarcon et al.，2019）。将当前的解决方案和产品与随着时间推移可能出现的其他解决方案建立联系，也是帮助获得资方支持的一种额外策略。

一直以来，不论是处理 RPA 项目，还是应用新的流程或平台，遇到问题、争论和障碍都是不可避免的。这是一种规范，应视为需要避免的事项或采用过程中失败的标志。更确切地说，这个过程应该被视作组织内部伴随技术采用而附带的学习和入职培训过程的最终部分（Jones，2017）。将自动化整合到当前流程中，将流程组织起来以促进自动化流程，并在文件记录中兼顾到各阶段，所有这些都构成了应当考虑的决策流程。

7.2 AI 的应用速度

从个人经历或与同事和客户的交谈来看，AI 似乎还处于初级阶段，但实际情况要复杂得多（Casale，2014）。一方面，2016 年 KPMG 与 IBM Watson 的合作开启了新篇章，吸引了市场参与者的注意力；另一方面，媒体分析和报道的热度在下降。这种较为平静的媒体环境掩盖了企业 AI 应用方式以及应用速度的转变。具体来说，AI 应用的速度正在朝着某个方向前进。人工智能和区块链等技术工具本身的发展速度，不同于受这些技术影响和增强的应用程序的发展速度。由于技术发展超前，而认为技术只会对未来产生影响的想法，不仅违背了现实的客观规律，也反映了市场参与者缺乏技术认知的现状。这些工具的影响在未来是显而易见的，当然管理专家并不需要在一夜之间就成为技术或编码专家。

管理专家需要做的是使自己具备理解、分析和解释这些事物的能力，包括这些改变游戏规则的技术是如何运作的、对组织和数据管理意味着什么。对于已经在满足各种需求和期望的管理专家来说，了解这些新兴技术起初似乎让人望而生畏，但是随着时间的推移，这些技术只会变得愈加重要（Brazina & Ugras，2018）。无论是参加证书课程、雇主资助的企业培训和教育，还是重新参加研究生课程或高管教育，持续学习和教育的必要性均是显而易见的。包括在财务服务范畴工作的人士在内，管理专家无论教育培训程度如何，都需要保持学无止境的心态。

另一关键点在于所有的专家（包括那些正在财务服务业工作的人员），都必须承认许多现有工作岗位在 3 年、5 年或 10 年内将不复存在的事实，并将这一变化融入未来的商业运作。实际上，包括与会计、财务、投资和交易市场部门相关的每一个大型职业协会，都肯定了职业变化指日可待这一趋势（Samuels，2019）。目前，AI 的应用和实现主要是由市场上最大的公司来执行的，但这只是冰山一角。显然，新的工具和技术将首先被引入那些拥有人力和财务资源来实施这些流程的组织中，其他技术工具形成类似的采用曲线是合乎逻辑的。自从台式计算机、笔记本计算机、无线互联网、智能手机和平板计算机在不同规模和复杂程度的组织中被采用，这些设备也都陆续在大型组织的工作场所投入使用。

在当前的市场中，"颠覆"一词与创新、创造力和思想领导力等词往往被过度使用，但就 AI 和区块链而言，"颠覆"似乎确实是合适的。这些思想的核心是：区块链和 AI 的双重技术浪潮似乎有能力从根本上改变财务服务专家相互之间乃至与客户之间的互动方式（Corson，2016）。尽管对于那些被竞争者通过利用这些新工具所颠覆或削弱的从业者和组织来说，"创造性破坏"这个词可能不会给他们安慰，但同样的改变也会为积极主动的专家提供机会。由于某些任务是自发的、外在的、被舍弃的，执行这些任务时会有很多新的机遇，专家必须能够识别并清晰地表达和操作，不辜负新机遇。

初步了解后，让我们撸起袖子，在下一篇中深入研究到底哪些业务会随着区块链、AI 和其他技术工具在整个行业中的普及而改变。

本章小结

本章分析何种技术最有可能是一个更具适用性和实用性的新工具，以便专家寻找自动化部分或 RPA。这听起来似乎是抽象的和技术的想法，但从实践角度来看，组织和个人从 RPA 这一点开始自动化的认知旅程可能比尝试全面实施 AI 更加现实。经常讨论 AI 相关的话题，就会认识到 RPA 和 AI 并不相似，甚至可以说是完全不同。从现实和实践的角度来看，随着自动化越来越多地融入商业决策过程，这种自动化技术的分支似乎是开始实施自动化应用的合理步骤。RPA 可能会让人想起失业和其他潜在的令人焦虑的概念，这一想法是片面的。与 AI 应用相比，RPA 软件工具和平台更加成熟，并且能够与现有的技术平台或技术系统相适配。

思考题

1. RPA 与 AI 以及其他自动化程序有何不同？这是件好事还是坏事？

2．RFA 和 AI 的结合是否将导致失业或混乱，还是被用来促进工作灵活性和责任感？

3．RPA 及其类似的自动化工具将首先影响财务服务领域的哪些方面？

补充阅读材料

IRPAAI – What is Robotic Process Automation – https://irpaai.com/what-is-robotic-process-automation/

CIO.com – What is RPA? – https://www.cio.com/article/3236451/what-is-rparobotic-process-automation-explained.html

McKinsey Digital – The Next Acronym You Need to Know is RPA – https://www.mckinsey.com/business-functions/digital-mckinsey/our-insights/the-next-acronym-you-need-to-know-about-rpa

Forbes – Why You Should Think Twice About Robotic Process Automation –https://www.forbes.com/sites/jasonbloomberg/2018/11/06/why-you-shouldthink-twice-about-robotic-process-automation/#769226be5fe1

参考文献

Alarcon, J. L. J., Fine, T., & Ng, C. (2019). Accounting AI and machine learning: Applications and challenges. *Pennsylvania CPA Journal*, 1–5.

Brazina, P. R., & Ugras, Y. J. (2018). Accounting automation: A threat to CPAs or an opportunity? *Pennsylvania CPA Journal*, 3–7.

Casale, F. (2014). How digital labor is transforming IT. *CIO Insight, 2.*

Corson, M. (2016). The future of finance. *Financial Executive, 32*, 6–11.

Gex, C., & Minor, M. (2019). Make your robotic process automation (RPA) implementation successful. *Armed Forces Comptroller, 64*(1), 18–22.

Jones, K. (2017). May the bots be with you: RPA for HR. *Workforce Solutions Review, 8*(3), 39–40.

Preimesberger, C. (2018). Predictions 2019: Why RPA stands to see even more growth.

EWeek, N.PAG.

Samuels, M. (2019). How to create a strategy fit for the digital age. *Computer weekly*, 22–26.

Seasongood, S. (2016). Not just for the assembly line: A case for robotics in accounting and finance. *Financial Executive, 32*, 31–39.

第二篇

新兴技术在财务服务中的应用及启示

第 8 章

应用总览

本书围绕新兴技术及其未来如何对财务和会计产生影响展开了广泛的分析和讨论。但如果不从更大的全局观和宏观经济层面看待这些变化，这种分析和审查将是不完整的。正如本书和许多其他论述那样，数据和其他定量信息很可能代表了组织机构现在和未来的竞争优势。如果不考虑财务服务，这种新兴技术在其他领域，如搜索引擎、社交媒体和娱乐领域，所起到的作用更是显而易见。通过谷歌、脸书、阿里巴巴、亚马逊和网飞等科技巨头，我们可以访问并使用大量可用信息，从而产生新的业务见解、改进商业模式并且提高利润率。然而这些商业进步和业务改进往往带来了成本上涨和监管更严格的问题。人们只需看看推特、脸书、谷歌和苹果在 2017 年及以后面对的听证会，就可以看出，全球各国政府对企业的关注度随着企业实力的增强而上升，会加强对其商业模式和业务的监管审查。

也就是说，仍然有多个技术应用痛点经常被认为是摩擦点和成本增加点。图 8.1 表明，即便从消费者的角度看信用卡使用是一个简单交易，但图中每两个环节之间的断点都代表了后台现存的成本点、时延和组织摩擦。这种常见的成本和摩擦似乎也在鼓励区块链和其他新兴技术工具的广泛应用。

图 8.1 B2B 或 B2C 模式交易痛点

新兴技术在信用卡交易中的应用趋势与在财务服务领域中已经发生的情境不同。具体来讲，财务服务机构面临的监管压力已经很大了，甚至还将持续增加。至少在美国，从公开发表的声明和报告中可以看到，随着民主党权力的巩固并在国会担任各种领导职务，财务机构在未来似乎将受到越来越多的监管和审查。由于一定程度上受到经济衰退的教训和随之而来的并购潮的影响，区块链和其他新兴技术可能会加快企业合并的步伐和提高市场集中度。从短期看，区块链会冲击到当前的集中式财务体系业态，这似乎有悖于区块链基本的分布式精神。但从长期看，区块链的实施确实是有意义的，信息本身（包括但不限于决定不同公司成败的定量数据）需要规模化和专业化。

就像监管总是倾向于更大的组织（这些组织有能力融资和应对新规则和指南）一样，信息和数据也倾向于集中在更大的组织。这些技术可能会放大市场中各领域已经出现的趋势和力量，扰乱现有玩家的格局。长此以往，市场集中度将会提高。这种向集中交易中心转变的趋势，不会像有人认为的那么遥不可及，并且还在市场中变得越来越重要。

8.1 密码法的兴起

与其说第二篇主题是某种服务或工具的技术实施细节，不如说是在技术环境中如何提供适当的服务。为了做到这一点，从业人员需要了解塑造当今区块链和 AI 格局背后的驱动力。这种业务运作方式的改变最明显地体现在密码法（Lex cryptographica）⊖的发展和完善，或者可以理解为基于密码学和去中心化的新型商业和法律环境，而非传统的中心化模式。

尽管这似乎不是财务服务专家应该关注的问题，毕竟他们通常不需要进行破译密码等文字处理工作，但理解这一趋势至关重要。退一步，回到与财务服务相关的话题上来，在这种趋势有增无减时必须考虑以下几点：

⊖ 密码法是指一种代码规则，而非法律规则。Lex 是 Lexical compiler（词法编译器）的缩写，其主要功能是生成一个词汇分析器的源代码。在计算机的世界里，代码即"法律"。——译者注

区块链实际上可能会增加与金融体系相关的风险。许多支持和提倡增加区块链应用的人，强调了区块链在降低财务交易和数据存储风险上的好处。不可变的记录与直到现在仍不可破解的加密相结合，这就意味着数据实际上比以前的系统更安全。然而，当前金融体系的集中化在效率和保护方面确实提供了诸多好处，特别是对消费者而言。回顾当前金融体系的起源和构建，主导市场的集中化趋势意味着消费者受到保护，保险和其他降低风险的策略是有效的，而且风险可以在交易对手之间共享。在一个去中心化的金融体系中，一旦缺乏一个集中的票据交换所，可能会使交易对手和机构暴露于当前被法规取缔和监管遏制的风险之下。当然，既有事实是分布式和去中心化模式能够允许越来越多的参与者进入资本市场获取信息。但从机构的角度看，这其中也包含一定的风险，需要谨慎对待。

正如第 1 章和第 2 章所讨论的，公司治理是保障财务专家发挥作用和履行职责的重要机制。按理说专家有保护投资者的责任，因此财务会计专家有责任进行调查、质疑，并对管理层上报的数据做一定的监督和审查。但区块链的核心理念强调了透明度和加密这两个相互矛盾的概念，这一悖论暴露了区块链的一个缺陷，而这最终可能会损害公司治理的有效性。

8.2 密码法的益处

专注于运营和管理的密码学商业模式的兴起确实带来了一些好处和机遇。密码学，就其本质而言，为既懂密码学如何操作也了解密码学如何推动业务流程改进的专家创造了机会。举例来说，某种商业模式使得客户和组织对财务信息的保护和安全性更有信心，那么跨境、跨行业交易就会变得更简单。在现实经济中，存在着企业家或小企业主寻求进入资本市场而不得，或是财务规划师和注册会计师必须不断地向客户提供建议的情形。即使像 Kickstarter 这样的众筹平台越来越普遍，相关的服务仍然高度依赖烦琐的审批流程和集中的清算机构。因此，这里面有大量机会和新选择。

之后还会更详细地讨论，区块链平台中的密码法模式，允许点对点的资本募集，可以实现更好和更广泛的创业。在财务分析和会计方面，专家还有机会提供额外的咨询和保证服务。例如，如果资本是在区块链网络上筹集的，那么无论是否通过加密货币还是法定资本，遵守现有法规就是一个必须处理的问题。以区块链为基础的业务模式的核心要素和优点之一，就是向网络成员提供"伪匿名"保护。就传统加密货币而言，可以通过高级计算机和其他软件工具追踪各类所有权和保管权，这削弱了区块链带给我们的核心好处。针对于此，Zcash 和 Monero 等日趋崛起的匿名币，正致力于改善比特币等传统加密货币的隐私规则。

乐于探究区块链和加密货币的财务专家可以抓住这些机会和新选择。紧跟监管动态，保持信息灵通和合规性，驱动财务革新和业务发展，这将允许公司和组织增强现有业务和开发新的选择。承认密码学在商业运作中的广泛应用，将为积极的专业人士创造更多利益和选择。当然，也有理由相信，这种分布式和去中心化模式将会挑战当前财务服务业的核心功能。

8.3 密码法面临的挑战

密码法虽然不能代表一种全新的技术或操作模式（密码学已经存在了数百年），但它确实给从业者带来了一系列挑战。这些挑战的主要驱动因素可追溯到区块链和加密货币在业务流程和操作中究竟有哪些好处。匿名性是区块链的优点，但并不是所有的业务情况都需要或都适合匿名通信。例如，交易对手风险在匿名环境中会被放大，这破坏了全球金融体系。又如，整个贸易融资以及各类机构和组织之间的资金流动都依赖于完善的保险、身份验证和降低风险工具的基础架构体系。这些工具的有效性，由于某些个人或关联组织的身份被掩盖，可能会被削弱。这并不是新问题，自从将加密货币和区块链引入主流商业环境中以来，这些潜在风险已经有了相应记录。

匿名性还直接影响财务服务行业及其环境的各个方面。首先，从会计的角度看，很多情况下，匿名性或加密技术会连接到各类数据和信息，其中一些直接关系到审计和鉴证服务。例如，审计师和审计团队如何准确评估区块链场景下各种资产的价值和所有权。对各类数据及信息的所有权的核实和价值估计，特别是实体拥有或控制的资产的数据和信息，是任何审计或鉴证业务的重要内容。但是，如果使用不同层次的加密技术来掩盖或隐藏资产的保管、转移和价值，则会额外增加复杂性。

确认和查验余额也是会计履行职责和信息沟通的重点工作。无论企业是纯粹在国内开展业务，还是从事国际贸易和商业活动，都必须能够确保投资与应收应付方面的余额得到准确核算和报告。虽然存储在区块链模型中的数据和信息的透明性有助于通信，但若在区块链上公开业务和财务数据，这种无差异透明性实际上会使相关信息和数据的审计和鉴证出现一些问题。

尽管组织已经习惯于允许会计和审计专家访问几乎所有类型的信息，但将这些信息存储在联盟区块链上却不是组织的习惯。这里额外多说几句，问题在于，正如本书一直在提的，区块链的加密措施和安全保障可以部分减轻对安全性的担忧，但没有一个加密过程是完美的。因此，再多说一句，去建立私有区块链和联盟区块链。从企业的角度来看，联盟区块链和私有区块链可以发挥补充作用，具有允许哪类利益相关者或网络群体访问哪些信息的定制能力。

8.4 额外的注意事项

新的法律制度和业务模式的兴起，除了给国家带来利益和挑战，还有一些重要意义。虽然整本书都致力于解释不断变化和发展的实践需求，但为了简要起见，重点讨论最重要或最广泛的两个本质需求。尤其当实践者尝试从事新的服务、业务或其他类型的活动时，明白什么是前进路上的必要准备十分重要。因此，让我们来看看市场上已经发生的两个决定性转变。

第一，在人员构成和谈话技能方面，从业人群和专业团队都需要变得更加多样化。相关的技能需要涵盖多重因素，包括但不限于法律、技术、沟通和分析及解决问题的能力。尽管对于任何实际从事这一行的人来说，这似乎并非新闻，但其中的含义也才刚刚被人们理解。这种转变的核心在于这样一些潜在的市场现实。即使在排名前 100 的会计师事务所，注册会计师也只占处理客户问题的员工总数的 20%左右，这远低于10 年前大致 33%的比例。即使是那些在财务报告、税务和鉴证服务方面长期保有专长的大会计师事务所，也只雇用了相对较小比例的注册会计师，这对财务服务的其他领域有着严重的影响。

第二，与会计公司这一改变相关联的是，贸易、投资和资本市场也已经出现了类似的转变。一些全球最受瞩目的对冲基金和投资组合，包括美国的和国际的，越来越多地受到量化分析和量化交易的驱动和管理，而不是传统的财务分析师。特许金融分析师证书在市场上一直都是强有力和备受尊重的资质，但现在不再是发起一个交易型组织时的必要条件。即使注册会计师和特许金融分析师这样尊贵的头衔，也在让位给做量化分析和技术分析的专业人员。真正的并将持续的问题是，那些没有相关资质和经验的人也可以做这些专业性工作。这不是引发焦虑，而是想对那些还没有意识到新兴技术破坏性的从业者或公司讲讲事实。它们已经进入市场，正在推动各类组织的变革。这种变化，无论其破坏性如何，都为那些愿意深入研究、涉入新的市场领域并成为金融技术社区的活跃成员的组织和公司创造了机会。

本章小结

在研究了推动财务服务业变革的一些技术术语和概念之后，我们先建立一个交流框架，之后再深入到具体含义。站在高处，给了我们研究、观察和界定新兴技术对财务服务的特定影响的机会。虽然这并不总是适用于每个财务服务专家及其角色，但看到和理解新兴技术如何融入商业环境，是财务人员在业务决策过程中发挥更具战略性作用的不可或缺的工作。为不同行业的客户提供跨界指导和战略性建议，这意味着财务会计的专业人士必须从技术和运营的角度理解相关事项。这就是本书下一部分所要讨论的内容——新兴技术在财务服务中的应用及启示。本书的第二篇试图揭示和提供一些可操作的商业策略，它们与新兴技术工具在各行业的应用有关。这一章应视为一个框架性介绍，可以帮助专业人士了解这些技术如何被使用，了解未来可以开发哪些应用程序，并向该领域的领先公司学习。

思考题

1．从业务流程和业务流程管理的角度看，你在自动化和新兴技术方面有什么经验？

2．在执行方面，你迄今为止遇到的最大障碍是什么？

3．未来的几年里，考虑到技术集成，你认为职业前景将如何？

补充阅读材料

Forbes – Accounting Trends of Tomorrow: What You Need to Know – https://www. forbes.com/sites/forbestechcouncil/2018/09/13/accounting-trends-of-tomorrow-what-you-need-to-know/#61e85df3283b

Accounting Today – The Year Ahead for Accounting – https://www.accountingtoday.com/list/the-year-ahead-for-accounting-2019-in-numbers

Accounting Today – The Next 12 Months – https://www.accountingtoday.com/news/the-next-12-months-in-accounting

第 9 章

新的利基市场

随着去中心化和分布式的服务和产品不断进入市场，参与者都能感觉到新兴技术工具给整个市场带来的颠覆。对于从业者和组织来说，心态很重要。在会计领域中有这样一句话："财富在利基市场中"（riches are in the niches）（McCausland，2000），它也适用于财务服务业。一般性服务、较低级别的任务以及可以被自动化的工作场所活动都将实现自动化，这将不可避免地导致利润压缩、费用调整以及产生差异化服务。这已经是正在进行的趋势。并且，在更多投资于自动化的同时，裁减员工的传统解决方案将不足以形成有效的未来竞争力。像贝莱德（BlackRock）和德勤（Deloitte）这样规模庞大、经验丰富的组织和许多其他公司，目前正通过增加投资、雇佣与众不同的职员、减少员工数量和推出数字解决方案等多种方式来应对压力。尽管这些措施是正确的、必要的，但今后还需要采取差异化策略。

为了避免在理论上费时间，我们回到最基本的问题上，即这一转变是如何进行的。摩根士丹利（Morgan Stanley）就是一个很典型的例子。金融危机之后，包括曾经高速发展的投资银行在内的众多主要金融机构，都经历了一段行业整合和低回报期。考虑到不断变化的市场环境和不断增加的监管对商业领域的影响，摩根士丹利做出了一个强有力的决定，将发展方向转到财富管理业务。在 2009 年的低谷之后，资产价格上涨开始引起投资者的注意，这些财富管理类业务使得公司在利润、市场份额增长和吸引新人才的能力等方面得以摆脱困境。但现在来看，这个业务也增加了摩根士丹利对市场价格和波动性的整体风险敞口，这可能使其 2019 年第一季度业绩变得低迷。好吧，这是一种商业风险。本次讨论的重点不是要赞扬或批评摩根士丹利所采取的具体转变，而是想说明实质性转变确实是可能的。

银行金融机构，包括商业银行和投资银行在内，在不断加大对技术工具、解决方案和应用程序的投资。这反映出它们在向以技术为导向或基础的商业模式的转变和过渡。无论采用更复杂的移动应用程序、为客户提供更好的网站和选择，还是采用 Marcum 等基于数字的银行平台，这些趋势都很明显。如果像高盛（Goldman Sachs）这样的老牌机构都正在开发和推出线上产品和服务，以吸引新兴和不同的市场领域，那么可见这些转变对市场的重要性。这些例子无疑是引人注目的，也说明自动化和去中心化程度的提高已经在不同参与者之间产生了影响。无论组织定制的产品、服务的特质和焦点是什么，变化的过程都是清晰的。成为一名综合型人才，是一条职业道路。在医学、工程和其他咨询领域的生存能力已经减弱的情况下，难道财务服务会有所不同吗？我们要承认，财务服务领域正在发生的事情并不是独一无二的，当然这也意味着有机会向其他人学习。

一旦深入研究公司利用新兴技术工具开发和建立的各类利基供应品（niche offerings），就完全有可能看到哪些方向可能推动变革和创新。例如，会计公司 Withum Smith and Brown 最近推出了一个完整的数字咨询服务部门，专注于区块链、加密资产，并提供与这些工具相关的担保工作。更令人兴奋的是，这些不同的技术工具叠加和组合起来时所出现的可能性和机遇（Greenstein & Hunton，2003）。例如，下面的场景是完全可能存在的。在会计师事务所、财团或其他类型的基于区块链的私有环境中，审计业务在多数情况下几乎可以完全自动化和简易化。如果利用区块链本身的防篡改结构，就意味着不再需要手工处理或由工作人员来完成大部分的确认和估值工作。除了减少团队成员所必需的手工工作和任务，还能够减少错误、重复计数和时间低效使用的可能性。与工作产品本身相关的错误和遗漏的可能性较低，使得组织可以利用自动化工具来协助审计过程本身的完成。人工智能工具和自动化平台中，增添了许多审查选项和新机会，这也意味着可能产生更全面的审计结果和报告。

由于可以发布审计结果和报告，这也意味着会计与财务的专家可以在技术集成的先机下构建服务线和挖掘新机遇。围绕信息的连续鉴证和持续报告可以建立一些新的服务，这包括会计师和审计人员的实时监控能力和生成前瞻性信息的能力。熟练掌握为客户开发的这些服务，提供前瞻性数据和报告还意味着能够比提供历史数据和信息获得更高的边际利润。这是新兴技术如何推动不同行业发生重大业务变革的一个代表，展示了一个清晰无疑的实例。

9.1 去中心化的商业环境

财务数据上的信息不对称问题是财务服务行业的一个核心方面，而且这种不对称会在引入财务技术和应用市场中被不断放大（Ball，2017）。由于鉴证专家特有的培训和教育经历，这也一直是市场上的"大交易"（grand bargain）。就实际用例而言，这种所谓的"大交易"是由几个核心特征定义的。第一，可聘用的专业人员数量有限。这包括律师、工程师、医生和财务专家，只有经过正规大学教育以及培训之后才被许可进入工作系统。第二，能够参加职业课程的人员数量有限。这造成了在财务服务等行业中的就业者相当有利可图的现象。传统上，财务服务业的利润率是非常高的。无论个人对利润率的合理性有何看法，这仍是事实。

会计组织及其顾问团队始终围绕着向市场提供财务服务信息的两大核心支柱进行组建。这两大核心支柱为：对复杂财务信息进行分析；向内部或外部的最终用户群体报告或传达信息，包括整合最近的私有信息进行数据管理和向外分发（Stecking & Schebesch，2015）。这两个核心支柱都与市场上的和雇员间的"大交易"有关。譬如，上面讨论的"大交易"，市场中的信息不对称导致财务信息的分析和解释对最终的普通用户来说可能是一个谜。毕竟，信息是驱动包括财务服务在内的各个行业领域做出业务决策的因素。也就是说，为了有效地制定决策，无论个人还是机构，都必须有平等的机会获得用于影响该组织决策的数据。这似乎是相对直白的陈述，毕竟，在参与决策过程中的每个人，都希望获得基本信息。

然而，自有财务职业以来，财务服务就一直以中心化的信息交流和信息分析模式为基础。简单来说，个人和机构在财务服务领域的运作模式是基于如下事实：提供给市场的信息和相关分析都具有一个集中的来源。为便于沟通，将它转化为简单概念就是，客户在与财务专家的对话中处于根本性劣势。然而，随着客户信息、客户需求、客户期望以及公司和客户可获得技术的不断变化，新的机遇和挑战已经被创造出来了（图 9.1）。将来，在去中心化的经营、传递信息和向市场传递价值的模式中，财务服务专家的传统角色会被更替。

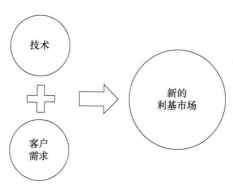

图 9.1　新服务背后的驱动力

9.2　要强调的重点

一些个人和机构经常批判性地强调，尽管区块链有很大的潜力和上升空间，但本质上它只是众多技术改进项目中的一个。显然，提高数据处理、分析和与终端用户通信的效率和速度是件好事，但这本身并不是什么新鲜事。区块链，尤其是由许多不同的组织建立、维护和使用的私有链或联盟链，可以产生独特的商业效益。在传统的过程中，对项目计划和组织工作的改进都集中在提高组织内部的绩效上。与之相反，区块链可以在不同的组织之间创造效率和效益，还可以在生态系统中产生更为广泛的效益提升。

这一事实也有助于解释为什么许多最知名的区块链应用往往出现在供应链和物流领域。很明显，不同的组织可能在内部使用不同的特定流程和项目，但另一个共识是业务流程中的许多痛点都发生在组织之间进行数据传输的时候。这包括但不限于围绕新兴技术形成的新的利基领域（Kahan，2001）。尽管通过电子数据交换（EDI）和其他数据管理平台，网络成员间已经建立了共享和分发信息的公共平台，但是区块链的核心组件能将它自身与现有的技术系统区分开来。记录一旦获得批准，其不可变性、上传信息所需的基于共识的协议以及区块链技术本身的安全性，都有助于解决组织间信息共享过程中经常出现的一些关键问题。本质上，区块链平台和选项可以帮助实现各种改进，但目前还仅限于组织内部的改进。

正如本书所概述的，人工智能也可以作为一个为各类用户提供好处的技术工具或工具组合。这种说法可能略有不准确，但人工智能的优点可以而且也应该在它进入市场时与其他科技工具相结合。不管某种技术工具或平台在单独来看有多么强大，都不能从根本上改变一项业务，而必须将各类技术集成到当前的业务流程中才能实现。不论对于人工智能技术工具，还是其他科技项目计划，都是如此。人工智能和类人工智能工具的真正力量在于，当它们被嵌入时就能增强现有业务流程。另一个需要强调和提醒的重点是，人工智能没有一个通用的类别，而是具有多个不同类别，它们或多或少地对组织有所帮助。

在开发新的咨询服务或建立新的客户关系时，最后需要提及的关键点是，新兴软件工具的迭代历来就无可避免地会遭遇阻碍。现在，监管具有不确定性，可能在宽松与严格之间摇摆，既缺乏对合规性和报告的明确规定，也缺乏对投资者或最终用户的培训和教育，这些都是阻碍应用的绊脚石。尽管如此，意识到存在于各类客户中的这些问题及困难，也是从业人员的机会（Lombardo，2005）。对内外部用户两者都有价值或与之相关的新兴技术，极少没有负面影响的。这些工具的真正作用是从根本上改变客户观察、感知和评估各专业服务的角度和方式。换句话说，数据的处理和分析方式在改变，专业的信息分析活动也必须改变。

9.3 打破"大交易"

在整个业务决策过程中，技术集成度的提高已经从根本上影响了许多其他行业和产业群。大众传媒、出版业、教育业、汽车制造业、一般制造业、医药业和建筑业等行业在经营方式上发生了翻天覆地的变化，但它们也只是正在发生深刻变化的产业和产业集群中的小部分。这个动态趋势反映出没有哪个行业与其他行业真有那么大的差异。那么，财务服务领域也会随着组织的发展而发展，这是自然而然的，特别是区块链和人工智能这样的技术，不断变得更容易被终端用户访问并能够处理更多的信息时。这对于在技术浪潮中寻求发展和演变的专业人士来说无疑是一个挑战。

数据和信息的去中心化访问是财务服务方式与更广泛的市场互动的关键和核心。信息的集中化，不管是以银行和会计组织还是其他受信任的第三方的形式出现，都会造成依赖财务服务专家做出信息报告、分析和解释的情况。数据的去中心化存储、传输和分析，也即将信息的可用性从少数专业人士的手中转移到更广泛的市场，代表了财务数据分析和提供方式的转变。简而言之，对于那些希望在未来的市场中生存并成长的财务服务专家来说，必须适应更加民主化的信息环境。自动化、数字化以及信息处理和报告方式的日趋简化，为我们创造了无数机会，但也有不容忽视的现实，技术一体化下的控制和其他保障措施已不能简单下放给技术工具。

在技术一体化下，持有定量信息和数据不仅仅是受过教育和培训的小部分专业人士的特权，还是推动业务决策过程向前发展的生命线。信息对于市场决策越发关键，数据对决策的相关性和适用性只会持续增加。虽然开始时财务信息似乎只与各类数据源进行增强分析和报告相关，但后来会慢慢发现信息数量增加对组织的各个方面都有影响。从改进的运营指标，到更全面的报告，再到向最终用户分发信息的更为连续的工作框架，要面对的是可用信息的大量增加以及组织有效利用这些数据的能力，这既是挑战，也是机遇。

从传统的经营模式向技术增强和改进的模式转变和过渡非常重要。事实上，客户与其完全依赖外部专家（无论会计专家还是财务顾问）来获得建议和见解，不如自主从各种渠道获得建议和信息。本书中讨论的转变，无论是从合规性基础工作向前瞻性指导的过渡，还是向把利基市场作为重点工作的转变，以及更为持续的重要业务都是由上述诸多要素驱动的，其中包括客户和委托人不必依赖财务顾问这一现实。无论是技术资源方面，还是自动化程度方面，技术扩散使许多财务服务工作得以精简和自动化，这也意味着从业人员需要认识到不断变化的市场动态和力量。

虽然对于一些财务服务人员来说，现在可能是一个不同寻常的阶段，需要认识和处理。但他们需要意识到还要向前迈进，这是一个重要事实。为了真正成为有效的战略合作伙伴，我可以合理判定，财务人员需要将客户和委托人视为合作伙伴。两者即使在专业知识方面不完全对等，但至少在对关系与交流的需求和期望方面是对等的。虽然不同专业客户之间的"大交易"可能已经打破，但可以通过整个业务流程的技术集成来替代或增强。

9.4 隐私保护

如果不对新兴技术对隐私的影响进行讨论，就很难与技术展开对话。如前所述，GDPR 的推出，也许是隐私领域监管改革最为引人注目的例子。越来越多的监管者、立法者和其他组织开始关注隐私保护，致力于保护公司和个人信息。AI、RPA 等技术工具，加快了数据创建、分析和传递的速度，但也可能使机构的数据完整性和安全性暴露在更大的风险之中。

隐私影响可以作为区块链和 AI 等新兴技术的内部控制的必要组成，值得做出独立审查。无论用户信息，还是财务信息，凡是与客户信息相关的信息都值得保护。隐私保护并非新话题，体现了对私有信息的重要性和价值的认同以及这些数据落入失德者手中可能造成的危害的担忧。先前的讨论可能忽略了一项咨询服务，那就是对各类市场主体和客户数据这两者的关联程度进行明确（Martin et al.，2017）。例如，即使会计师事务所或经纪公司的数据是安全的，符合行业标准并且利用得当，也并不意味着其他交易对手在对待数据和信息安全方面持有同样的理念。客户不得不向他们的投资顾问发送各种各样的信息，但几乎也在同时向银行机构和会计师传送这些私密数据。作为咨询服务的一部分，就需要意识到除了正在订立交易的主要公司，还有哪些市场主体也可能访问或存储这些敏感性私人信息，这是一个重要议题。

更重要的是，由于区块链和 AI 在商业环境的应用，实时监测信息变得更加容易。物联网听起来抽象，但它也简单。通过连接彼此的电话、平板计算机和笔记本计算机进行信息访问的简单物联网越来越少，规则限制越来越多，因此网络安全的重要性只会增加。虽然财务服务专家不大可能成为网络安全专家，但这里有提供咨询服务的机会，需要对从业人员进行一定程度的教育和培训。除了向从业人员讲解数字化环境带来的危险和陷阱，这种数字化过渡和演变还指明了某些关键的主题和领域，应作为所有投资和咨询活动都需要了解的部分。

从传统工作和职责转变到一个更类似于基于基础信息和基础知识的咨询师角色并不总是简单的，也不会像预期的那样容易。诚然，已经有许多新机会集中涌现在改进当前的产品和服务上，但从业人员仍有必要考虑到其他的新机遇和新选择。这些新的机遇和选择可以改进商业目的，也可能已经在实施过程中。区块链和其他新兴技术的发展方向和趋势，最终如何变化，将受到与技术本身有关的力量以及建立在这些工具之上的应用程序如何运作的影响。在互联网技术和分布式时代，技术的关键特征之一在于即使有保障措施和控制程序，市场利益集团采取的恶意行动也会导致数据丢失或损坏。

不仅有已经出现的组织正常运行中都会遇到的风险，新兴技术与近乎无限存储相结合还可能对公司造成运营损失和声誉损害。首先，是否存在敏感信息或关键信息的备份？然后，如果存在备份，是否经常更新？网络安全以往常被视为一次性事件或周期性事件，通常不在完全同步的基础上更新备份。基于区块链的解决方案，则是即使只做后台操作和数据处理，也可以将部分手工留存信息转换到自动备份方式。这是因为，上传的数据块包含了日期和时间戳，本身就具有永久性。只要客户愿意利用新兴技术，区块链解决方案可以设置在任何场景中，也即配置一个自动化程序用于打包、传送、存储、更新交易和记录信息的复本。

9.5 产权验证和追踪

围绕隐私议题探讨一个细的分支——身份验证和报告。这是一个财务服务业必然讨论的圈内话题。无论是出于遵守 KYC 或 AML 等法规的目的，还是旨在进行全面审计或鉴证工作，核实和确认资产持有人身份都至关重要。特别是当它同时还连接到区块链和在底层资产平台上运行的加密货币时，这对于从业者、客户和组织都很重要。在这本侧重于介绍新兴技术的书中再次提出基于合规性的分析和报告的概念，似乎与新兴技术实践者试图逃离监管约束的现实相矛盾，但进一步审查后就会发现这种联系，对于从业者来说，这是既相关又有趣的。

现实情况是即使所有行业都有对区块链和加密货币领域的兴趣和投资，但它依然不成熟。例如，比特币作为主流市场中"古老"又成熟的区块链，也只有 10 年的历史。在谈到区块链时，人们通常类比互联网和其他较早期的技术资源。这样做是有充分理由的。尽管加密货币和其他加密资产已经产生了数千亿美元的市值，但监管框架和指南尚未完善。而 2018 年年底至 2019 年间，各种监管机构不仅开始加大执行现行法规和标准，而且还开始与行业专家协商如何有效起草新的法规和指引，这都表明对新兴技术领域的监管正在增强。

显然，财务服务的从业人员在多数情况下无权指示监管机构制定政策或批准，任何公司都不可能对政策制定过程产生过大的影响。尽管如此，市场也可以发展和实施某些特定服务，以协助解决托管和数据验证问题。验证加密资产以及包含这些资产的所有权和身份，构成了此后银行和其他中央金融机构必须履行的核心职责。虽然分布式存储和传输财务信息的方法在美国和全球正在变得普遍，但毫无疑问的是，仍将有一个全面而强大的金融机构充当票据交换中心。考虑到各类金融机构应填补的角色和职责牵涉到多个领域，因而需要加强整合。

本书的目的在于推动这些想法和概念转化为市场行为和商业产品，它们可用于以下项目。每一项服务都是不同的，客户不仅是期望还会提很多要求，让财务服务的从业人员去关注当前面临的和众所周知的各种问题。下面列出了几个适合这一双重任务的职责和事务，它们似乎代表了一些增加未来收入和赚钱的机会。

身份识别和保管服务不仅在区块链和各种加密资产领域，而且在财务专家满足市场需求方面，经常引起人们的关注。加密货币或许无可避免地会成为像美元或欧元这样法定货币的替代币，但为了弥合上述加密货币在当前和最终定位之间的差距，它们首先必须存在于现行监管框架下。财务专家能够通过向客户提供咨询意见来满足客户在监管合规方面的需求，从而弥合市场与监管的距离。具体来说，发展基于区块链的资产托管服务是一项重要的业务，除了已经进行的项目，还有进一步投资和开发的潜力。

在区块链领域提供的保管服务，并不像最初那样激进或偏离现行的银行保管服务。例如，为了拥有银行账户或在第三方中介机构建立投资账户，客户必须提供必要的个人信息，包括姓名、地址和社会保障号码。这些信息是需要由财务机构验证和存储的公共数据，也可能仍是未来发展过程中所必需的。虽然保存的符合各类规定所需的信息可能不会改变，但存储和传输这些信息的方式将发生改变。客户和投资者仍然必须提供社会保障号码等信息，以便成功地为各种密码资产开立投资账户。存储这些信息的新选择和载体应该是区块链。如果加密货币由区块链平台存储、交易和优化，那么与客户相关的个人身份信息也应存储在同样安全的环境中。

除了保管服务，财务服务专家还需要协助个人和机构客户应对不断变化的监管格局。这似乎像是职责的一部分，但在诸如加密货币和加密货币监管那样的新兴市场中，要保持对一系列法规和规则的关注并不像看起来那样简单。此时，与专注于国际税收问题的法律专家进行协调是必要的，这不应视为不利的发展。相反，这一变化应被视为从业者利用技术提供更多和更广泛的咨询服务的机会。

本章小结

本章的重点是"财富在利基市场中"，这越来越成为会计和财务服务领域的一句流行语。换句话说，从第 9 章开始，通过例子概述了一些具体的服务，即组织如何利用新兴技术工具增强现有业务和开发新业务。无论个人或公司对此有何看法，这都是会计组织和财务服务机构正在转变的方向。开发和建立新的业务、服务和产品，以满足客户的需要，这不是在短时间内能够实现的，需要在业务整合的过程中展开。基于已经占主导地位的财务服务自动化趋势，将其与已推动变革的新兴技术联系起来，可以实现更高的利润。事实上，无论实施何种工具，都会给组织带来挑战和机遇。有远见的从业者，需要有能力利用这些替代优势来为客户创造价值和传递价值。在阅读本章之后，用户应有能力将当前的业务运营与自动化趋势和新兴技术连接起来。

思考题

1. 你的公司是否运营或计划运营与新兴技术工具有关的利基服务或商业模式？

2．市场上是否存在相关的教育培训，以使人们充分适应这种新模式？

3．就公司或个人而言，这种朝着专业利基转移的趋势，对通才（多面手）意味着什么？

补充阅读材料

Intuit – Tax Firm Niches You May Have Overlooked – https://proconnect.intuit.com/taxprocenter/ practice-management/tax-firm-niches-you-may-have-overlooked/

Sage – Why Niche Markets Can Be Big Business for Accountants – https://www.sage.com/en-us/ blog/niche-markets-are-big-business-for-accountants/

Forbes – Highly Profitable Practices for Accounting Firms – https://www.forbes. com/sites/ russalanprince/2015/05/19/highly-profitable-practices-for-ccountingfirms/#713baa1c59f1

Journal of Accountancy – CPA firms: Create A Niche Practice Serving The Gig Economy – https://www.journalofaccountancy.com/news/2017/jun/niche-cpafirm-practice-gig-economy-201716782.html

参考文献

Ball, J. (2017). R3 to work with Intel to boost data privacy. *Global Investor*, 76.

Greenstein, M. M., & Hunton, J. E. (2003). Extending the accounting brand to privacy services. *Journal of Information Systems, 17*(2), 87–110. https://doi.org/10.2308/jis.2003.17.2.87.

Kahan, S. (2001). Prospecting for niches. *Practical Accountant, 34*(2), 18.

Lombardo, C. (2005). Serving a niche market. *Accounting Technology, 21*(2), 16–21.

Martin, K. D., Borah, A., & Palmatier, R. W. (2017). Data privacy: Effects on customer and firm performance. *Journal of Marketing, 81*(1), 36–58. https://doi.org/10.1509/jm.15.0497.

McCausland, R. (2000). Vertical value: The lure of niche accounting. *Accounting Technology, 16*(8), 56.

Stecking, R., & Schebesch, K. B. (2015). Classification of credit scoring data with privacy constraints. *Intelligent Data Analysis, 19*, S3–S18. https://doi.org/10.3233/IDA-150767.

第 10 章

利用技术减少模糊性

在多数传统商业环境中，对模糊事物的泰然处之，似乎是一件无法理解的事情。在与投资策略和审计效率有关的选择中，决策者需要深入了解并精准确定那些最重要的数据。然而现行趋势是，随着商业日趋数字化、全球化以及更具流动性，模糊性将持续增加。它看起来不像某些硬趋势那样，将在短期内发生重大变化，例如人口结构变化、政治的不稳定，以及全球商业运作方式的再平衡。因此，人们有理由期许该行业不断发展，以跟上时代的步伐。

在有大量数据的商业环境中，其最大挑战性在于，大多数信息以非结构化的格式出现。这并不是说此类信息没有结构或格式化，而是所涉结构和格式与传统财务信息源（例如 Excel 和 CSV 格式的文档，或其他类型的标准化数据集）难以同步或匹配。如果不将 RPA 和 AI 等工具嵌入决策过程中，那么专家必须利用自动化工具的高效率特性去处理此类信息。这不只是学术话题，更是一个实践问题，市场上那些拥有数十亿美元收入的软件公司已经在有效利用这些信息处理工具了。

降低模糊性，或者增加可供审查的数据和信息以消除模糊性，这些努力引出了另一个重要话题：随着 AI 工具、机器人和其他自动化流程在商业环境中的应用，财务服务领域必须与时俱进。回到审计和鉴证业务上，AI 和自动化将如何改变审计流程的运作方式，其影响和机会讨论如下：

（1）全面审计。 随着组织内部可用信息不断增加，并且几乎能够被实时分析，最直接的影响是越来越多的数据将受到鉴证和审计工作流程的约束。

（2）实时鉴证。坦率讲，当前审计流程的最大痛点和败笔之一，是从审计结束到发布审计结果之间要经历几个月的时间。即使是中期工作和一年中剩余时间的持续跟进，大部分审核测试和检查，也仅是每年进行一次，事件发生和被审查之间仍然存在时间间隔（Mahbod & Hinton，2019）。

（3）连续报告。随着能够对更多的业务类型和更广泛的数据进行审计，并且信息证明和相关保证变得更加相关和更加连续，组织连续报告数据的能力将得到提高。这是对财务专家传统角色的转变，而且还与更广泛的未来价值相联系。

10.1　扩大业务范围

观察安然、世通、泰科等众多机构从事创造性会计实践的后果，不难发现，每当财务人员试图扩大服务范围，最终的结果往往是消极的。虽然这些例子已经过去了约 20 年，但是近期还有会计不合理指引和失误导致公司业务不佳以至于最终破产的例子，如美国国家金融服务公司（Countrywide）和雷曼兄弟公司（Lehman Brothers）。有大量来自金融市场的实例表明，无论技术应用还是组织间的沟通失误，都可能引发企业向新领域扩张时走向失败。伦敦鲸（London Whale）、闪电崩盘（Flash Crash）以及市场对某些信息的反应不当或过度反应的各种案例，都说明市场需要更对称和更准确的信息。

比特币和其他加密货币重要性的提升促进了美国和国际上的担保、鉴证和咨询服务的发展（McNally，2019）。这一资产类别日益普遍并且吸引了各类机构投资者，这必然会创造新的获利和融资机会。但区块链和加密资产的快速发展，也为不道德的参与者设法利用那些有热情而信息不灵通的投资者提供了漏洞和可乘之机。在这一点上，本书反复强调针对投资者和客户所需了解的技术平台展开教育和畅通信息，还要明白这一领域在投资风险与回报方面也是独特的。换言之，需要意识到在新机遇下，既有价格上行的风险收益，也有价格下行的风险损失，传统的信用服务和咨询服务的重要性还将持续增加。就当前基本面而言，配置到新领域的资金已经高达数百亿美元，这意味着财务专家可以参与其中了。

以快速增长的稳定币为例，虽然它仍然属于加密货币并且受制于监管规则和相关指引，但代表的是法定货币与完全去中心化货币期权的中间混合体。这个属性营造了一种氛围，即机构投资者和其他基金参与者（如养老金计划）都对加密货币的这一特定分支有极大兴趣。

所有这些都说明，即使技术越来越多地融入业务场景，财务服务人员的受托责任也不会改变，并且还极有可能扩大业务范围。业务扩张一直是建议中的行动方案，但在目前的市场上俨然成为一项要求。在逐渐主动且参与度更高的监管机构的推动下，能够提供当前和未来加密资产指导的专家市场仍在增长。即使在金融和非金融公司中实施了这些先进技术，发展和进一步完善现行财务服务的需求依旧迫切（Lewis et al.，2017）。

Tether，或许是资本最雄厚、规模最大、最知名的一家稳定币公司。但它是否真的如管理层声称的那样以资产作为抵押，一直备受质疑和争论。各市场成员之间的这种持续对话和辩论，为财务专家特别是会计行业提供了独特的市场机会。在研究 Tether 对整个金融市场的影响之前，首先分析和比较审计和鉴证之间的差异似乎是合乎逻辑的。会计专家并不总是与前瞻性的建议或指导联系在一起，随着加密货币和区块链日渐完善，他们所做的审计工作和鉴证业务确实会发挥作用。

站在更高层面看，审计关乎对组织的财务报表和内部控制进行全面有力的检查和测试。除了测试和审查财务信息，审计人员和外部会计专家还将执行许多其他程序，以确保报告数据的准确性和有效性。这些过程（包括但不限于实质性测试、分析程序、信息统计、确认和估价测试），以公认会计原则为依据，从测试样本中推断财务数据的一致性。

除了对本组织的财务报表进行检查和测试，审计人员还对公司的内部控制进行审计和检查。虽然贯彻内部控制制度确实由管理层负责，但还是需要聘请外部审计人员进行鉴证以保证这些制度设计得到有效执行。

鉴证业务在验证从业者和管理团队实际执行的特定工作方面提供了更大的灵活性。审计工作涵盖整个财务报表和整个内部控制系统，鉴证业务则侧重于特定的信息或数据。各种碎片化信息，甚至个别财务报表，都可以包含在鉴证业务中，这其中自然蕴含了审计和会计专家的机会。这种更宽泛的工作和与客户的互动将不可避免地扩展到区块链和加密货币市场以及传统业务中。财务会计领域对区块链和加密货币领域的兴趣不断增加，当然问题和障碍也会随着出现。

深究 2018 年 Tether 出现的问题，其核心似乎与它的产品泰达币（USDT）如何在市场中发挥价值相关。回到市场上稳定币的定位上，相对于未受约束或未受激励的加密货币而言，稳定币的波动性较低。为了使稳定币像宣传的那样发挥作用，必须确信稳定币的价格已适当固定。对于与美元挂钩的稳定币或代币而言，这种建议的核心部分是该组织实际上拥有用于稳定货币的基础美元。不同类型的稳定币的稳定程度可能有所不同，但是对于与美元挂钩的稳定币，这意味着该组织必须拥有足够的美元储备才能在市场波动期间稳定该货币的价格。

全年一直备受困扰的一个问题是，尽管 Tether 的管理层一再指出并持续声明，每一枚代币都是以 1:1 的价格稳定在美元上，但并没有发布经审计的财务报表。这表明了更新、调整和发展现行业务和工作机会以满足不断变化的市场需求的重要性。如上所述，审计工作包括对一个组织的财务报表和内部控制进行严格的审查和测试。对于组织来说，比如发行稳定币的 Tether，再怎么强调一个健全的内部控制系统的重要性也不为过。除了财务欺诈或其他不道德行为所带来的明显的影响，这些组织雇佣的专业人员、管理人员和外部财务专家都必须对该组织发布和传播的信息的准确性有信心。

症结在于，尽管该组织表示它有足够的美元储备来匹配和支持发行的稳定币和代币，但却没有进行审计，而是向市场发布声明，并公开与银行的业务往来和其他财务数据，试图缓解市场的担忧和疑虑。然而，即使采取了这些措施，2018 年人们对管理层实际提供市场所需财务信息能力的信心仍在下降。直到 2018 年年底，通过彭博社的调查性报道，人们才了解到有关该公司财务状况的准确信息。尽管这些信息最终进入了市场，但它并不是由公司发布的，这足以使人们对管理者向市场提供信息的透明度和清晰度越来越担忧。

Tether 似乎是区块链和加密货币市场的一个极端例子，但它确实提醒我们，问题在于区块链和加密资产需要透明并且清晰的报告。尽管这些令人兴奋的技术具有革命性，并且确实代表着财务数据报告方式的绝对性转变，但财务专家无疑仍然需要提供与这些资产相关的专业服务。例如，会计从业人员必须能够解决与市场缺乏会计准则和报告框架有关的一些核心问题。如果加密货币想获得更大的吸引力和更广泛的应用，会计从业人员必须能够准确地选取估计方法来评估、报告和传送所述信息。

强化加密货币金融市场的监管和审查似乎有悖常理，但这有利于广大财务从业人员和有利于加密市场发展。尽管在撰写本书时，许多监管机构已发布公告和声明，但金融市场似乎仍将各种加密货币视为新兴资产类别，而不是可行的替代资产类别。也许是在监管指引和信息发布之前，市场力量正在通过发展金融机构来大踏步地处理问题。也就是说，清晰性和指导性必然随着监管确定性的增加而出现，这将使金融市场参与者能够向客户提供更具洞察力的指导和不同类型的建议。只有在实际可行的情况下，增加指引和标准设定，比特币和其他加密货币才能扮演另类资产的角色和发挥对大宗商品、黄金和其他类型资产的投资性替代作用，但目前还没有被归类为传统的股票期权。

在某些看似矛盾或不寻常的情况下，从业者甚至可能会积极鼓励和寻求监管、指导和其他无关金融市场需求的活动。更有趣的是，具有明显限制性与指导性的监管增强可能会减少加密货币的市场波动。除了加密货币波动性的降低，市场本身的确定性和透明度的提高也为更多的机会和服务打开了大门。具体来说，与区块链领域相关的一些令人兴奋和反映市场动态的发展，并不总是与加密货币相关，而是与区块链支持下的其他功能选项相关。考虑到市场已经推动数十亿美元的投资，机构对开发区块链产生了极大的兴趣，可以通过区块链技术发展更广泛的信息报告能力。一个快速发展的新兴领域就是，技术的兴起如何促进各领域中报告的增加。图 10.1 在较高的层次上介绍了由更实时、更连续的报告和技术带来的一些可能性和机会。

图 10.1　连接更好的技术以增加价值

10.2　共益企业与整合报告

在更广泛的业务环境中，最有趣的转变之一可能是财务专家在动态环境中对信息类型和数量的期望不断提高（Shoaf et al.，2018）。虽然整合报告（integrated reporting）已成为整个经济话题中的热点，但财务服务公司采用和实施此想法的速度比预期要慢。这可以归因于许多因素，其中最合乎逻辑的原因之一就是缺乏应用，这与大多数从业者当前使用的技术有关。目前，关于组织绩效的更详细、更全面的数据需求是众所周知的，但技术工具和平台在很大程度上还未赶上市场需求。AI、区块链技术以及物联网的兴起正在改变这一现实，并使组织和财务专家越来越有能力提供和分析更广泛、更全面的数据和信息。在利用技术提供和交付这些整合报告和其他服务之前，重新探讨整合报告和共益企业（Benefit Corporation）的概念是很重要的。

共益企业似乎代表了将可持续性整合到当前市场中的财务服务实践的理想方式（Zhou et al.，2017）。不同共益企业的规则和过程因各州而异，核心思想可以概括如下：共益企业，通过整合公司章程、运营协议或其他形式的规章和政策，以优先考虑可持续性、社会性、公司治理相关的活动，并且这些活动与组织的财务目标具有同等重要性。这些目标和政策因公司而异，但可以聚焦于组织运营对社区产生环境影响的相关活动、旨在与组织信念保持一致的社会公益目标的有关政策，以及作为市场潜在机会和挑战而提出的有关公司治理的各方面。

实现这一愿景的管理模型，包括但不限于以下内容：

首先，准确地衡量、排名和跟踪有关方面的各类信息。如果组织希望对传统的定性问题（如治理、环境问题或其他面向社会的议题）给予同等重视，就必须有能力这么做。具体来说，为了有效利用这些新兴工具，组织必须既拥有技术工具，又拥有人员。例如，将自动化、RPA 或全面 AI 项目与组织产生的数据流联系起来，可以更好地服务于商业决策。虽然这一理念本身似乎早已被阐释得相当清楚，但是实现这一目标的技术工具直到最近才在市场上出现。尤其是财务专家，应在符合传统规定、报告和分析任务增强或完全自动化的情况下，寻找机会将服务扩展到新的业务领域（Bouten & Hoozée，2015）。随着人们对共益企业等整合报告模式的兴趣增加，从业人员也需要满足市场需求，这在协助各组织建立和发布上述报告模式上必然会趋于一致。

其次，将可持续发展的政策和目标完全整合到公司决策过程中。这将导致市场期望那些发布声明的公司和他们的管理人员，不仅能够产生和分析更多的和多样的信息，而且能够根据这些信息做出有效的决策。这需要组织具有依据更充分的信息库做出有效决策的能力，具有建立一个共益企业的心态，或者能够实施更强大的报告和分析框架。财务专家在这里也有机会。从本质上讲，财务专家在大多数组织的核心职责离不开信息分析，以及有效地将这些信息汇总给管理团队和外部用户。但目前这方面的期望和需求之所以减少，主要是因为多数企业决策时已经考虑了可持续发展问题。与表象相反的是，随着各组织掌握的数据的种类和数量不断增加，对高质量决策的需求也只会增加。

10.3 共益企业的责任

利用技术来创新业务和创造机会是所有财务专家的核心受托责任，并且这种责任不会随着新业务的实体类型的增加而改变。尽管围绕共益企业的话题似乎是被生拽到这本新兴技术的书中，但经过进一步审查就会知道这并不矛盾（Hemphill & Cullari，2014）。例如，为了获得 B-corp 共益认证（由非营利组织共益实验室认证）或将实体的选择更改为共益企业的选择，组织必须在已对外报送的常规财务报表之外提供更多的信息。在深入研究这些特定的报告要求之前，似乎有必要先区分共益企业和 B-corp 认证。

共益企业是管理人员在组织和管理企业时可以作为附加选择的一个实体类别。选择这种业务结构和实体类别，不会为组织本身带来额外的税收优惠（Benson et al.，2018）。相反，这是一种要受州级立法和报告要求约束的选择，实体可以自愿选择它。做出这一选择的实体，必须同意编制和分发效益报告（benefit report），至少交给州一级的立法机关以及市场中的其他潜在利益相关者。除了需要接受强制监管，还有责任确保其自身以与共益性质的公司章程一致的方式进行经营，并且需要改进技术解决方案。简而言之，为了生成、收集、报告、汇总和传达报告所需的大量数据和信息，共益企业实体必须确保这些不同类别的信息可以被连续访问。这为新兴技术创造了机遇，包括利用 RPA 和其他自动化工具来收集和分析信息以吸引投资者。

除了利用技术工具扩张，还可以引申出一些与技术集成有关的新的商业机会。考虑到公众对以可持续方式运营的组织的兴趣在增加，对于寻求价值增长的组织和管理者来说，在这个不断增长的细分市场吸引投资是合乎逻辑的。管理团队会希望从财务专家那里寻求更具前瞻性和业务导向性的建议，因此财务专家能够利用技术工具和解读各类技术工具的含义来满足管理团队的愿望。当然，需要提醒的是，技术在管理决策制定过程中发挥着越来越重要的作用，并不意味着所有业务迭代都直接与技术相联系。技术集成增强所产生的干扰和技术本身都代表了机遇，财务专家可以抓住这个意想不到的潜在领域增加价值。尽管这里在讲机遇，但本书确实是着重于技术本身及其更好的可能性和技术快速发展对企业管理的重大影响。

10.4 技术支持

物联网在商业决策中发挥着突出作用，是目前各种组织普遍使用的工具或策略，尤其是那些试图生成和创建更全面的报告结构的组织，正在利用物联网不断增强互联性。更紧密相连的操作和设备可以带来很多好处，但同时也给非法入侵和破坏带去了机会（Davis，2016）。对财务信息的非法入侵和破坏行为是毁灭性的，并且危害巨大，但这一问题总能通过私人渠道或政府赞助的手段提供适当的保险而得以解决。运营数据被窃取、破坏或以其他方式损毁，可能带来更大的、更具破坏性的后果。例如，对从事食品安全或食品配送的组织来说，这些区域中的故障、信息丢失或对后端系统的攻击，很可能造成商业、财务和人员损失。

对于消费者和机构来说，食品安全是一个日益重要的问题，特别是食品中毒事件正在许多组织中重复发生。除了与此类事件相关的财务成本外，消费者受到伤害这一事实也与食品生产商和分销商所宣称的更有机和更环保的目标不一致。区块链技术已经开始进入该领域并产生影响，也最有可能成为区块链技术实施和应用的技术领先市场。但财务专家必须意识到区块链和其他新兴技术还应实现组织的其他技术目标，包括开发全新的商业运营模式（Hiller & Shackelford，2018）。

即使食品的安全或其他相关问题对特定组织而言无关紧要，也必须承认以下事实：股东和利益相关者越来越倾向于对组织绩效持有更全面的看法，而不是严格的底线方式（bottom-line approach）。当然，这个事实也可能是错误的，因为这既不是理想主义者谈论的话题，也不是一些以环境或可持续发展为导向的团体的关注重点。但是，从专注于对环保团体投资的指数基金，到直接向注重环保的组织进行投资的机构，可以明显看出可持续发展运动，既是社会事业和目标，也是组织的大生意。

区块链技术必定可以增加那些组织如何更好利用已有数据相关的议

题的价值。当交易数据同时连接到财务和运营信息时，对其进行永久且不断更新的记录可以帮助提高数据通信效率和信息的准确性。特别是当它连接到网络或组织联盟进行数据共享时，例如供应链合作伙伴、一起合作的会计公司、其他参与项目合作的协会组织，这种通信潜在优势是引人注目的。就财务服务业而言，以下几个分支可以从正在增强的信息透明性和协作性中受益：

（1）服务于保险机构。 即便是默认情况，保险业也有必要在交易对手之间共享数据和信息，建立和维护信息的通用平台和合乎逻辑的"语言"体系。除了利用通用信息平台从时间节省中获得运营收益，保险机构还有数十亿美元的保费需要进行投资管理。假若某家会计公司或咨询公司能够设计并且落实一套基于区块链甚至是由区块链支持的方案来处理某些事项，那么这家公司将在前进的道路上处于领导地位。

（2）服务于国际金融交易。 组织的筹资、合并、收购，以及在全球范围内购买商品和服务，通常需要涉及多个交易对象的融资条款、合同、条件。围绕这一系列市场需求，财务专家可以在组织内部实施基于区块链或 AI 的解决方案，或寻求向外部客户提供模板和服务。

本章小结

本书的主题是新兴技术和 AI，但并不意味着它们是本书的唯一主题。技术本身，无论它在本质上有多大的破坏性或颠覆性，都不会改变业务或提高绩效。换句话说，技术工具本身不能满足利益相关者和财务数据外部用户的需求。为了使财务专家能够分析更广泛的业务趋势并成为战略合作伙伴以实现真正的价值提升，技术工具需要适应当前和未来客户的需求。从财务角度看，客户组织正在进行的规模最大和资金最多的变化之一就是可持续发展及投资。利用这些工具带来的效率和数据安全性提升以及报告功能的增强，从业人员能够充分满足这一市场需求。无论是整合报告、可持续发展报告和其他附属信息，还是对与环境、社会责任和公司治理（environment，social responsibility，corporate governance，ESG）相关的指数基金和其他金融投资的有效分析，都是专业人士需要了解以便为客户提供建议的内容。

思考题

1．即使新兴技术工具不可避免地带来技术培训的混乱，是否仍有理由期待这些复杂性技术最终能够增加商业活动的价值？

2．你和你的公司是否处理过投资者或客户寻求更具可持续性的指数基金和投资选择的问题？

3．你所在的公司当前使用的工具和平台是否足以收集和报告各类客户数据，包括与可持续性相关的数据和报告？

补充阅读材料

AICPA – Sustainability Accounting – https://www.aicpa.org/interestareas/businessindustryandgovernment/resources/sustainability/sustainability-accounting.html

Sustainability Accounting Standards Board – https://www.sasb.org/

iShares – What is Sustainability Investing – https://www.ishares.com/us/strategies/sustainable-investing

Investopedia – A Look At The Largest Sustainability ETFs – https://www.investopedia.com/news/look-largest-sustainable-investing-etf/

Market Watch – UBS Asset Management Launches First ETF to Integrate Sustainability Screening – https://www.etftrends.com/smart-beta-channel/ubs-asset-management-launches-first-etf-to- integrate-sustainability-screening/

参考文献

Benson, S. S., Thomas, P. B., & Burton, E. J. (2018). The CPA's role in forming benefit corporations. *Journal of Accountancy, 226*(1), 84–90.

Bouten, L., & Hoozée, S. (2015). Challenges in sustainability and integrated reporting. *Issues in Accounting Education, 30*(4), 373–381. https://doi.org/10.2308/iace-51093.

Davis, G. F. (2016). Can an economy survive without corporations? Technology and robust organizational alternatives. *Academy of Management Perspectives, 30*(2), 129–140. https://doi.org/10.5465/amp.2015.0067.

Hemphill, T. A., & Cullari, F. (2014). The benefit corporation: Corporate governance and the for-profit social entrepreneur. *Business & Society Review (00453609), 119*(4), 519–536. https://doi.org/10.1111/basr.12044.

Hiller, J. S., & Shackelford, S. J. (2018). The firm and common Pool resource theory: Understanding the rise of benefit corporations. *American Business Law Journal, 55*(1), 5–51. https://doi.org/10.1111/ablj.12116.

Lewis, R., McPartland, J. W., & Ranjan, R. (2017). Blockchain and financial market innovation. *Economic Perspectives, 41*(7), 1–17.

Mahbod, R., & Hinton, D. (2019). Blockchain: The future of the auditing and assurance profession. *Armed Forces Comptroller, 64*(1), 23–27.

McNally, J. S. (2019). Blockchain technology: Answering the whos, whats, and whys. *Pennsylvania CPA Journal*, 1–6.

Shoaf, V., Jermakowicz, E. K., & Epstein, B. J. (2018). Toward sustainability and integrated reporting. *Review of Business, 38*(1), 1–15.

Zhou, S., Simnett, R., & Green, W. (2017). Does integrated reporting matter to the capital market? *Abacus, 53*(1), 94–132. https://doi.org/10.1111/abac.12104.

第11章

内部控制注意事项

涉及财务服务时，有关区块链和加密货币的另一个重要话题是要以一种全面的方式展开有关内部控制的讨论。通常来说，围绕内部控制的话题可能不会引起广泛关注，但这对于区块链和 AI 却至关重要（Crosman，2018）。对于财务服务专家来说，即使技术在金融领域和服务行业中变得更加一体化，懂得、精通、开发和实施内部控制仍然十分重要（图 11.1）。

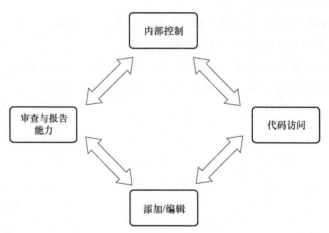

图 11.1　内部控制对于新兴技术的考虑

内部控制的思想要义在于，它是有助于保障组织报告和传达的信息准确无误以及组织的资产得到切实保护的程序。职责分离、资产保管、确保在完成工作之前进行审查，以及建立独立检查以验证数据，这些活动在传统意义上构成了控制的基础。伴随着计算技术与财务服务行业融合程度的提升，围绕内部控制的辩论也随之展开。由于技术在财务服务分析和报告功能中的占比越来越高，人们很容易将数据的控制和处理委托给计算机程序本身。这的确很诱人，但是，这样做就为那些可能破坏组织的错误和疏忽打开了方便之门。

尽管信息的数字化和流程的自动化能够提高效率和更精简地处理信息，但它确实消除了对财务职能至关重要的一些人力监督。无论是在市场波动期间暂停交易以便就包括外部报告在内的数据类型做出判断，还是确保所产生的产品和信息与决策相关，控制的存在和职责的分离都必不可少（Gao & Zhang，2019）。技术，特别是有助于实现流线型管理的自动化技术，经常被视为提高运行效率的工具，但也可能造成众所周知的"黑箱"而限制了业务决策者的洞察力。审计师和其他财务专家将不再直接稽核审计证据或其他相关信息，而是根据计算机或更宽泛的业务环境进行自动化审查。围绕组织使用的技术工具进行审计并不是新的实践，但当前工具和选项的复杂程度可能使它令人望而生畏。这不仅是会计师或其他关注内部控制的个人面临的问题，也是所有财务专家需要面对的话题，包括那些以投资或顾问身份与客户交往的人。确保客户了解他们投资了什么，是加密货币、新兴科技公司，还是其他投资工具，这都是财务从业人员的明确责任（Alexander，2019）。除了协助客户和委托人进行各种投资决策，财务服务业中的个体还可以帮助确保驱动跨行业决策过程的数据和信息的准确性。无论技术工具多么复杂，对于区块链、RPA 以及全能 AI 解决方案来说，都必须对数据输入和输出保持控制。考虑到信息处理和决策速度不断加快的现实，保证信息的完整性十分重要，也相当关键。

11.1 内部控制的附加服务

为 AI 和区块链技术撰写内部控制，乍一看也许反直觉，似乎更广泛地采用和实施技术工具会降低内部控制的必要性，但这忽略了一些基本原则。显然，自动化和数据管理技术的增强将对数据管理和报告方式产生重大影响（De Simone et al.，2015）。每个软件工具都具有独特性，在不同组织中有不同的功能。但是，在有关 AI、区块链或自动化的咨询及其他服务时，需要考虑以下关键主题：

在信息上传和进入系统的过程中，哪些参与方实际控制或可访问核心信息？这在物联网的世界里，并不是一个无聊或抽象的问题，因为数据和信息实际上会从每一个可能的来源传递给管理团队。虽然这些信息流并非总是财务属性，但它们必然会对本组织的业绩产生影响。库存信息、运营数据、市场参与者的反馈以及其他类型的信息都将推动组织当前和未来的绩效（Yunhao et al.，2014）。这既不新鲜，也非创新之举，可能出现的新情况是财务服务专家将更多地参与到这种以业务为基础的话题中来，并且这种情况以前可能早有发生。为了让管理团队充分利用这些不同的数据源，它必须是真实信息。从财务咨询的角度来看，这意味着，组织必须能够有效地评估市场上可用的不同选项的成本并理解其效用。除了对成本和效用有适当的理解，不同信息来源和资金可用性之间的交集也始终会是话题的一部分。

例如，组织已经投资于可持续性项目并付诸努力，那么市场导向（market making perspective）的财务服务专家应关注以下问题（Lowe et al.，2018）。假若组织在各种可持续性和环境计划项目上进行了投资，这可能会为赠款、资金和其他无法获得的财务机会打开通道。特别是人们对各种可持续性和环境保护的兴趣不断增加，这正迅速成为一个基础性商业议题，而非仅仅是一个有关质量的想法。做市商们应反映出该领域日益增长的金融兴趣和活动，比如以绿色债券、ESG 投资和希望与以可持续方式运营的组织建立关联的机构的形式出现，以期为专业人士和相关员工提供真正的机会。

11.2 区块链的常见误识

多数书籍都会提及区块链平台的存储记录具有不可变性，同时每个区块链都可以不同方式编程，这是一个大体准确的陈述。一旦在区块链上输入一个信息块并得到其他网络成员的验证或批准，该信息块就不能被更改。这里还会为大家引入下面几个概念，对于正在寻求开发和实现区块链方面的服务的财务专家来说，消除与区块链技术相关的常见误识会是很好的开始。让我们来看看这五个最为常见的误识，财务专家可以消除这些误识并为客户带来价值：

（1）区块链是一个会计和（或）财务系统。这是完全错误的！毫无疑问，区块链是每个财务人员都关心的热门话题，但这并不意味着区块链仅仅是一个会计系统或记账平台。目前既没有发生在区块链平台上的日记账，也不存在区块链上的财务报表，也没有在区块链上执行的股票交易。区块链是一种以加密方式存储和交流信息的工具，在财务服务领域几乎每个人都感兴趣，但它终究不是会计平台。

（2）如果使用区块链，就意味着没有黑客攻击的风险。虽然区块链本身特别是比特币，迄今为止不受黑客攻击的影响，但这并不意味着只要执行了区块链就可以消除所有风险。为了开发、实现区块链以及进行压力测试，组织必须使用硬件和软件，并雇用熟练的技术人员来编写和维护它。每当项目涉及这些因素时，总是存在欺诈、不道德行为，或者纯粹由错误引发区块链程序遭到破坏。

（3）区块链和 AI 总是优于现有的技术系统。虽然区块链和 AI 获得了大量关注，包括金融机构的数十亿美元投资，但这并不意味着这些工具总是比当前的选择更好。区块链和人工智能都经历了从炒作的高峰到幻灭的低谷这一变化，当前现实与想象潜力之间的脱节正变得越来越明显。当然，即使存在周期性失败和试点测试被关闭的情况，对财务服务人员来说，了解区块链可以在哪里实施也很重要。

（4）区块链是一个节省成本的方案。尽管在工业和部门标准方面已经取得了进展，但这并不意味着区块链是成本低的或者易用的。例如，区块链工程师、开发人员或程序员的平均起薪持续从低于 6 位数已经涨到接近 6 位数的中间水平。除了这些显而易见的成本，还有将区块链平台与当前技术选项进行集成的项目成本和诸多因素需要考虑。

（5）使用区块链就要求组织采用加密货币。虽然加密货币可能是区块链最负盛名的应用，但这并不意味着所有区块链都必须使用加密货币。更重要的是，对于财务专家来说，即使客户和组织对区块链感兴趣，也不意味着加密货币必须是业务的一部分。这听起来比较基础，但是对于客户来说，理解并将它们融入自己的决策过程是很重要的。

11.3 RPA 的控制问题

无论个人或公司是否做好准备，自动化正在向财务服务和金融行业袭来。自动交易策略一直以来就是金融市场的一部分，并且它仍在以近乎无情的速度扩散和蔓延（Masli et al.，2010）。尽管自动化的增加带来了很多好处和机会，但值得指出的是，针对 RPA 的管理和控制策略应该落实到位。与以前的自动编程相比，RPA 似乎代表了对现有不同技术流程的迭代和下一步应用，包括信息存储、分析和处理类的控制程序以及其他希望改进的程序。不同的组织之间会有各种差异，但并不需要包罗万象。相反，应该以现有应用程序为起点去促进更广泛的技术实施，如 RPA。以下是关于 RPA 的几点思考：

（1）也许最重要的在于，财务服务公司和客户公司之间必须进行对话和分析。在数据分析和运营优化方面进行内部提升是重要的，但没有客户的购买和支持，就永远无法完全实现。RPA 和其他高级自动化技术的核心在于，信息必须在交易对手之间更为开放地分发和共享。这能否被客户（客户组织）接受和渴望，是一个必须首先解决的问题，尤其是在为技术升级进行大笔投资之前。

（2）负责执行控制程序的员工和个人有能力做好吗？这似乎是比较基础的话题，但对于实现完备的自动化协议至关重要。传统的控制程序并不能简单地更新或升级到受环境驱动的 RPA 程序。为了推动这一过程，与信息加工和信息处理有关的控制、控制实现以及测试程序都必须在基础设施上做出改变和演化（Kim et al.，2018）。内部控制看起来是一个会计话题，但肯定会影响到整个财务服务领域。例如，当前的自动化投资趋势下，财务服务专家需要能够理解日益自动化的投资交易平台在决策方面如何运作，以及自动化决策对投资绩效的影响。

（3）在日益关注数据控制和数据完整性的业务环境中，即使某些决策是自动化的，控制也至关重要。例如，在向区块链添加错误信息的情况下，可能会导致该错误信息不断地传播。这种数据和信息的快速传播实际上可能会对企业造成声誉损害和经济损失。所以，各种自动化系统的数据输入和区块链选项的控制都至关重要，特别是在这些工具和平台正在延伸到其他行业的情况下（Keune & Keune，2018）。例如，随着医疗区块链越来越普遍，患者的安全和其他机密信息的完整，对从业人员来说，是他们必须意识到的重要问题。

本章小结

除了讨论区块链、RPA、AI 及其他自动化工具和平台的所有潜能，还必须考虑内部控制因素，这必然是财务服务议题的一部分。特别是从会计和财务的角度来看，建立和维持有效的内部控制是一项迫切的任务，甚至可以被认为是任何寻求提供相关服务和发展这些新兴领域的从业人员的责任。自从这几项技术成为一股潮流以来，许多事件已经产生连锁反应，这只会加强从业人员开发内部控制的需求和期待。本章深入实践，探讨了与新兴技术工具相关的所有专业话题都需要考虑的一些因素。内部控制是会计和财务服务话题的一个既定部分，本章将这一既定主题与新的主题联系起来，这些主题包括但还不限于本书提到的内容。总之，本章探讨的是有关开发和实施潜在的新服务线的话题，它需要将更健全的内部控制与新兴技术相连接。

思考题

1．你的公司和客户组织是否有不断更新的内部控制政策？
2．你的分析结果是什么？当前的透明度和数据颗粒度级别是多少？

3．能够进行数据处理和报告的自动化工具对内部控制的创建是有利，还是有害呢？

4．会计和审计行业应当如何发展，以跟上这些新兴技术的步伐？

补充阅读材料

Journal of Accountancy – How blockchain might affect audit and assurance - https://www.journalofaccountancy.com/news/2018/mar/how-blockchain-might-ffectaudit-assurance-201818554.html

The CPA Journal – Audit Implications of Blockchain and Cybersecurity - https://www.cpajournal.com/2019/02/27/auditing-implications-of-blockchain-andcybersecurity/

Udacity – Artificial Intelligence for Trading - https://www.udacity.com/course/ai-for-trading%2D%2Dnd880

Brookings Institution – The impact of artificial intelligence on international trade - https://www.brookings.edu/research/the-impact-of-artificial-intelligence-oninternational-trade/

PwC – Robotic Process Automation: A primer for internal audit professionals - https://www.pwc.com/us/en/services/risk-assurance/library/robotic-processautomation-internal-audit.html

American Express – Emerging Technology: Robotic Process Automation in International Trade - https://www.americanexpress.com/us/foreign-exchange/articles/emerging-robotic-process-automation-in-international-trade/

参考文献

Alexander, A. (2019). The audit, transformed: New advancements in technology are reshaping this core service. *Accounting Today, 33*(1), N.PAG.

Crosman, P. (2018). Could blockchain tech help prevent bank fraud? *American Banker, 183*(55), 1.

De Simone, L., Ege, M. S., & Stomberg, B. (2015). Internal control quality: The role of auditor-provided tax services. *Accounting Review, 90*(4), 1469–1496. https://doi.org/10.2308/accr-50975.

Gao, P., & Zhang, G. (2019). Accounting manipulation, peer pressure, and internal control. *Accounting Review, 94*(1), 127–151. https://doi.org/10.2308/accr-52078.

Keune, M. B., & Keune, T. M. (2018). Do managers make voluntary accounting changes in response to a material weakness in internal control? *Auditing: A Journal of Practice & Theory, 37*(2), 107–137. https://doi.org/10.2308/ajpt-51782.

Kim, G., Richardson, V. J., & Watson, M. W. (2018). IT does matter: The folly of ignoring IT material weaknesses. *Accounting Horizons, 32*(2), 37–55. https://doi.org/10.2308/acch-52031.

Lowe, D. J., Bierstaker, J. L., Janvrin, D. J., & Jenkins, J. G. (2018). Information Technology in an Audit Context: Have the big 4 lost their advantage? *Journal of Information Systems, 32*(1), 87–107. https://doi.org/10.2308/isys-51794.

Masli, A., Peters, G. F., Richardson, V. J., & Sanchez, J. M. (2010). Examining the potential benefits of internal control monitoring technology. *Accounting Review, 85*(3), 1001–1034. https://doi.org/10.2308/accr.2010.85.3.1001.

Yunhao, C., Smith, A. L., Cao, J., & Weidong, X. (2014). Information technology capability, internal control effectiveness, and audit fees and delays. *Journal of Information Systems, 28*(2), 149–180. https://doi.org/10.2308/isys-50778.

第12章

对财务服务业的意义及其趋势

随着区块链保险和鉴证服务等新领域的不断出现，我们很难确定哪些内容会成为热点或典型用例，但有一些趋势值得考虑。

首先，越来越多的针对特定行业或基于联盟链的趋势为技术领域带来了大量利润和投资（Culp，2008）。由于可以通过协作提高效率、产出收益，采用区块链技术的理由就相对简单了。除了四大会计师事务所在相互合作，更广泛的协作和协同开始成为趋势，这指出了一个有趣的创见。即使对业务竞争和客户竞争都非常激烈的产业部门而言，建立一个服务于整个行业的区块链平台的想法也很有吸引力。再深想以下，似乎有理由相信前面提到的一个观点：有的行业渴望监管增强和监督。

然后，目前的监管总体上可以描述为拼凑效应，这导致了对区块链和加密货币领域的解释和会计处理的各种不同。一方面，行业主导者必须有明确的框架和指南以引导合规运营，一些专业协会和团体在试图定义和辨析这些指南方面发挥了领导作用。对于那些寻求监管增强的行业主导者和参与者而言，这是很有意义的。随着各组织继续在区块链或个别加密货币上进行投资，很重要的一点在于，确保在理想情况下这些投资不会与监管机构最终制定的市场规则背道而驰（Corson，2016）。另一方面，从金融系统和市场的角度来看，确保各公司提供的产品和服务与市场动向和趋势保持一致也非常重要。除了在构建和实施不同区块链选项方面所做的工作和努力，从业者还可能利用去中心化趋势进行职业规划和定位。

12.1 未来枢纽

随着技术参与和集成度的提升，一个常为人乐道的可能结果是，去中介化、分布式分类账和各种信息来源会全面瓦解当前现状。特别是，这些与新兴技术相关的新的枢纽和中心的发展，将为那些积极主动的财务专家带来机遇。然而，从财务市场的整体情况来看，现实情况并不像最初看上去那么激进。例如，高盛——一家与传统金融中心（包括纽约市）有着历史渊源的老牌金融机构，最近在犹他州盐湖城开设了办事处。在当地的人才和较低的成本等因素的推动下，这里已经成为高盛多年来发展最快的一个办事处。虽然在同一物理环境中工作有不少好处，但利用技术优势拓展越来越多的基础业务时，将不可避免地导致人才、资金和信息的分散化（dispersion）。

从内部运营角度分析，除了管理的分散化和去中心化，这种转变还将带给财务以咨询服务的机会（Doran & Brown，2001）。比如创建 P2P 借贷平台、拼车软件，以及为消费者提供分布式的租赁机会。目前市场上确实存在此类服务和选项，例如 Lending Club、优步和爱彼迎。基于区块链的商业模式和运营平台的真正价值在于，即使是围绕组织的分散式运营和监督也需要有集中的管理。正如本书讨论的，以去中心化模式建立、运营和管理一项业务的意义在于，它必须与财务进行对话。

对财务从业人员来说，这意味着竞争环境很少像现在这样对新进入者是公平和开放的。企业可以在去中心化和快速自动化的基础上运营和开展业务，因此专业人员和顾问必须跟上组织不断变化的期望和要求（Campbell-Verduyn & Goguen，2018）。特别是会计的从业人员务必有能力从事将来的审计和鉴证工作，并且能够向客户提供运营和业务方面的建议。正如密码法部分（第 8 章）讨论的，去中心化的财务信息业与咨询服务有紧密联系，财务、会计和其他从业人员可以将这些内容加入到话题中。

12.2 新商业模式

虽然前文已经讨论了新的商业模式，但只初步地讲到分布式和去中心化技术影响业务模式的过程，这里将在新的应用场景下重新讨论这一话题。当然，分布式技术的显而易见的应用是指，组织和个人能够大面积地持续获得资本和其他资源，而不是依赖中央信息中心。在获得资本和其他类型的技术咨询服务方面，由于这些技术将得到更广泛的整合，因此这种去中心化必然会导致重建新的人才中心（Simunic & Biddle，2019）。在分析这些商业模式时，所有这些都是要考虑的重要因素。下面还有几个更高层面的担忧，但它们不会直接影响当前的客户或服务。

从法律角度来看，去中心化组织在如何分类和处理方面仍然处于不正常的状态。截至本书撰写时，一个纯粹去中心化组织本身并没有被正式承认为某种法律形式，而是与普通合伙密切相关，这种模式可能会影响到公司治理和投票制度（Syeed，2018）。依组织结构的具体情况以及公司成立时发行的代币的类型，普通合伙模式及其运营结构可以是合乎逻辑的选择。这对于那些不熟悉法律体系运作的财务专家来说，似乎不怎么重要，但却可能给投资者带来灾难性后果。例如，如果个人或投资机构参与了 ICO、STO，或基于区块链商业模式的其他筹资活动，那他们可能会无意中对组织的业务和运营承担无限责任。即使是在 ICO 和 STO 被市场大肆宣扬的时候，这些难以解决的问题也没有得到关注。特别是从监管角度看，重要的是要了解技术和监管，它们不仅会相互作用，而且会随着生态系统的不断发展而相互影响（Gump & Leonard，2016）。幸运的是，似乎确实有一个解决方案——独立有限责任公司（Segregated Limited Liability Corporation，SLLC），可以让律师和财务专家为客户提供这方面的咨询服务。

在深入了解这种商业模式的确切含义之前，有必要强调在跨学科团队中开展工作的重要性。特别是，随着 JP Morgan 和 Facebook 等组织进入区块链金融领域，可以看出区块链正迅速成为银行和金融部门的热门话题（Yu，2016）。基于区块链的金融系统的出现，特别是当它与 AI 或其他自动化技术结合时，意味着没有一个专业领域能独占全部专业知识。财务专家曾与法律专家有过合作，这种关系在未来还将更加稳固。

除了因新的商业模式而出现的法律问题和注意事项，还有一些相关的问题和事项需要考虑。例如，SLLC 只是一种方法或模式，通过它可以将资产和信息做结构化处理，从而把各类内容和信息隔离开来。它的工作方式是通过去中心化和分散式的业务模型，对数据和信息进行切片并以隔断的方式进行存储和管理，以使不同利益相关者和代币持有者承担有限的责任。如果是发行证券型通证（如 SEC 在 2018—2019 年的定义）的方式，那么通证持有者可以分享组织的利润和参与运营，但以这种方式开展业务的范围很有限。这不是学术性问题，而是真真实实的实践问题。在围绕区块链的喧嚣和兴奋中，已经通过 ICO 和 STO 筹集了数十亿美元，所引发的与责任披露、公司治理相关的问题都必须得到解决。

除了必须考虑的法律问题，随着去中心化组织的增多，财务专家还必须意识到一种受托责任（van Rijswijk et al.，2019）。无论机构、还是个人，都可能对参与、投资甚至领导一个去中心化组织感兴趣。最早的去中心化组织 DAO 就是一个确凿无疑的教训，体现了风险和潜在负债没有得到适当的处理。该组织在以太坊上运行，在区块链行业的发展早期就筹集了超过 1.5 亿美元的资金。但它的区块链去中心化分布式模型有潜在的致命缺陷——DAO 的代码可以被黑客操纵，这在本质上导致了 DAO 代币被锁定在组织的可控范围之外。以太坊创始人 Vitalik Buterin 经过人工干预，最终解决了这一问题。这一事件并没有造成资金损失和声誉损失，也没有动摇业界对去中心化区块链模式的信心。但它提示：伴随新商业模式和新组织架构而来的风险与信任，是每个从业者都需要意识到的问题。

此类项目既存在风险，也存在机遇。例如，对于为企业家提供咨询和服务的从业者来说，能实现几乎实时地从全球筹集资金，这将增加整个市场的深度和流动性。当然也意味着，除了要懂得与区块链应用程序和业务迭代相关的当前趋势和力量，专业人士还需要随时跟进未来的新趋势。

12.3 AI 常见问题

在对区块链做出合理假设的同时，也会有一些问题需要 AI 来解决。财务专家可以在这个领域发现机遇，为实施解决方案提供建议和指导。具体来说，任何会计 AI 咨询话题中都需要包含一些基础组件。

（1）具备应用 AI 的基础知识。当前，AI 可能是热门话题，但为了高效应用 AI 并创造更多价值，需要预先建立基本程序。在应用任何 AI 工具之前，参与执行的从业人员以及技术团队，应充分记录、审查和理解哪些过程和业务需要自动化。

（2）先进行试点和试验。从操作角度来看，从一开始就在整个组织实现自动化或应用 AI 工具听起来很诱人，但也会导致组织暴露在一些已知问题之下，大型企业级的 ERP 安装、升级或重装往往会遇到此类情况。预算超支、兼容性问题以及软件工具或产品无法顺利首次启用等，这意味着许多 AI 项目可能在上线或产生收益之前会遇到障碍。虽然有些事情总在发生，但这并没有使组织或管理团队面对这些挑战时变得更容易。在遇到挑战时，财务专家应发挥作用，提供切实的指导和专业支持，这是一项重要功能。

（3）AI 选择因组织而异。正如上文所述，许多不同形式的 AI 实际上适用于不同的组织。财务服务专家特别关注计算 AI 对加速数据处理的应用，但客户组织可能对空间、语言或其他形式的 AI 更感兴趣。对这些不同类型的 AI 有一个基本了解，并能熟练地描述它们的差异，这是财务服务专家需要理解并融入未来决策过程中的。

（4）迭代是常态。迭代是某种常态，而非例外。AI 在市场上可能会受到大量的关注、分析和投资，但真正地向 AI 过渡和 AI 进化是一个持续的过程，而不是一次性事件。无论是通过 RPA 还是其他形式的自动化实施项目，基本关系都是不变的。简单地说，目前市场上所理解和讨论的 AI 将需要经过几个阶段的迭代，才会产生更多预期收益。财务专家可以就 AI 与当前系统的集成方式和迭代关系提供建议和指导。

　　不同类型的 AI 在市场上越来越普遍，不过，从业者应该牢记，在以数字为基础和驱动力的经济中，人类从业者仍然有自己的地盘。不管技术本身有多先进，基本的流程和业务控制仍有必要，并且必须是健全的、强大的和持续更新的，可以跟上最终用户不断变化的期望和需求。去中心化、信息的分散式共享和分析以及不同数据的自动化处理将提高效率和生产率，但也必须以适当的控制措施做抵消和制定防护框架。

12.4　AI 中的道德规范

　　AI 中的道德规范，作为一个议题，在专业人士尤其市场应用的讨论中越发主流。以目前的发展速度，许多行业和计算机专家推测，具有自我意识或能够自主行动的 AI 程序距我们仅数年之远。此外，承认 AI 或其他自动化程序正在驱动和处理大量的决策过程也是合乎逻辑的。信用卡审批、交易处理、股票交易、日记账分录的过账和对账以及其他财务分析程序，已经很大程度上或者至少部分实现了自动化。随着这些趋势变得越来越明显，让我们来看一个财务顾问和市场人士需要密切关注的例子。出于各种原因，某些投资者可能只想投资符合特定 ESG 目标的公司。即使这些偏好可能被表达出来并被编入投资程序和算法中，也仍需要人工的监督和控制。投资决策本身就足够引人注目，但这并不是唯一需要将道德规范融入商业决策过程的领域。

　　信贷，无论企业还是个人，如商业贷款和房屋抵押贷款，都是 AI 一定程度上得以利用的方式。大量的自动化信贷工具正在研发过程之中。向信誉良好的客户和组织提供贷款是一项功能，也是一个流程。这项功能和流程为更广泛的经济领域提供服务，随着技术日益融入商业运作，所有从业人员都应该意识到这一点。例如，在 2008 年经济大萧条期间，与信贷扩张相关的贷款市场枯竭，剥夺了组织和个人急需的资本和资源，导致了危机的加速和蔓延。又如，回到创业的想法上，大多数新成立的小企业失败的主要原因是缺乏资金和融资，能够及时有效地做出与这些需求相关的决策是非常重要的。

各种自动化程序，包括完全成熟的 AI、贷款流程的嵌入式机器人和自动化软件，都可以提升做出选择和决策的速度。即使在当前组织中，也有多种工具和程序正在提升速度而改进决策。根据公开可用的信息，包括发布在社交媒体上的数据和其他网站上的信息，有多种方式可以用于加速审批或自动审批，也包括做出否决，而且不会降低决策过程的质量。然而，这些程序化的改进也可能导致审批过程受到与客户的财务状况并不直接相关的其他因素和信息的影响。即使这些信息在评估个人或企业的影响和市场方面是有帮助的，也可能在自动化审批流程中出现错误使用和错误解读。

例如，一个社交媒体帖子本身没有恶意，但出于一些原因引起了负面评论或反馈，可能会对贷款或融资产生不良影响。从财务服务的角度来看，这种风险听起来很抽象或不重要，但在组织内实施 AI 和其他自动化程序时，应该将其考虑在内。虽然其他审查者可以帮助消除社交媒体上普遍存在的某些新闻和负面反馈，但 AI 或其他类型的自动审查程序可能无法区分真实的负面新闻和虚假新闻。这种灵巧性的缺乏在正常的审批和核实过程中可能并不明显，但它随时可能对那些具备正常融资能力的潜在客户和借款人抬起邪恶的头。

12.5 去中心化世界中的会计

一直以来，个人或公司所经手的全部或绝大多数的业务和信息都是集中式的。医疗保健、土地记录、税务信息、客户数据、财务信息和历史，以及几乎所有的大型数据都在集中的环境中运行。客户信息，包括购买历史、信用卡信息，以及与奖励计划和会员卡相关的数据，常常存储在集中的数据结构中。这种方法在速度和效率上当然有好处，它们在传统上都与集中式数据管理和处理结构相关联。有一个负责验证、清理和保护信息的中央枢纽，也可能以简单有效的方式外包给独立的第三方。尽管好处不少，反复出现的黑客攻击、入侵和其他数据泄露事件，依旧在各行各业以惊人的频率发生。可以说，无论是美国，还是国际市场，在不同的经济领域，目前的集中化模式都存在缺陷。

会计专家，几乎无一例外地扮演并接受了作为信息和数据的客观的第三方验证者的角色。这反过来又引导和巩固了市场参与者对于会计专家可做哪些工作的预期。尽管一定程度上存在不足，但每一位会计和财务的从业人员，无论是财务顾问、财务规划师，还是其他会计和财务工作人员，都扮演着类似于第三方数据和信息核实者的角色。各行业之间的相似之处在于，会计和财务服务专家的整个角色是帮助第三方用户理解并核实正在报告的内容。实际上，数据存储和处理的集中化性质，已经赋予了会计和财务服务的专家以他们所应该担任的职责和角色。信息的创建者、信息的最终用户以及中间的每一方，通常情况下，都需要有专业人为他们做出分析，记录和报告这些信息，这是目前会计和财务服务专家发挥作用的地方。

新兴技术，特别是区块链平台和网络的兴起，造成了这样一个局面：与以前相比，对第三方中介机构、信息验证者和验证某些碎片数据的机构的需求变少了。这种想法的核心是：会计从业人员和会计师事务所的主要价值是充当独立、客观和可信赖的第三方，以分析、报告和验证所提供数据的准确性；然而，区块链生态系统的点对点性质，削弱了第三方或其他类型的独立数据验证者的必要性。数据加密、实时通信，以及数据上传至区块链时的验证能力，意味着信息的创造者可以代替第三方自行验证和确认数据的准确性。这种转变可能是抽象的，实际上它代表了一种真正的范式转变，即从当前由某个中央决定什么是真理的市场力量，转向由市场参与者决定和验证真理的情况。

这实际上给传统第三方中有前瞻性的从业者，包括银行、保险和会计专家，带来了机遇和挑战。从报告到审计，再到税务问题，几乎每一方面，都将不可避免地受到"真相"从中央扩散到散在网络的影响。会计专家，无论是在私营企业、事业单位，还是在创业公司工作，普遍承担的都是作为可信任的顾问、中介或其他数据解释者的任务。银行对账员、审计人员、税务人员以及相关的其他报告功能，几乎总是依赖外部数据，随着区块链技术越来越广泛地应用，这个底层架构将不得不发生进化和切换。

然而，此类中介机构绝不限于会计师事务所。当前整个金融市场体系和金融基础设施几乎都是集中式管理。证券交易所、监管机构、其他监管型机构以及信用评级机构，都以集中的方式进行数据交流、发表意见、执行相关准则和指南。正如始于 2007 年的金融危机所证实的那样，这些集中化的模式和构造没有预见到最终导致全球金融崩溃的潜在力量。就金融危机的具体原因而言，有足够多的责任要追究，这些不做赘述。关键在于，区块链和加密货币的话题在 2009 年突然就出现了，这听起来像是与金融危机有关系。

会计行业似乎周期性地向合并过渡，会计服务公司的价值会受到质疑，行业的未来似乎也很模糊。向去中心化和分布式账本系统过渡以记录和报告数据，这本身并不是会计行业的新趋势。基于云的会计、不同技术平台和工具的集成，以及现有网络成员之间的数据共享，这些都在商业环境存在了数十年之久。然而，向基于区块链的会计模式加速转变是一个决定性范式。在区块链基础上，组织将如何编辑和装载数据？由于越来越多的数据可为所有网络成员所共用，这些成员又在将信息上传到网络本身时对它们进行了验证，对诸如核算和确认之类的传统会计服务的需求将会减少。

同样重要的是，要认识到与去中心化会计相关的话题不仅是学术性或理论性的，而且也是正在市场中进行的。实际上，排名前百强的会计师事务所都已经提供了一些与区块链、加密货币和自动化工具相关的服务，并且也已经被各行各业的客户所使用。联系本书中讨论的其他议题，重要的是确保随着新业务的推出与发展，从业者有能力与业界展开对话，营销和阐述新技术对内部人员和外部客户的有益之处。

12.6 交易

金融市场，即使是那些拥有强大移动应用程序的市场，投资者只需轻触屏幕就可以在全球范围内进行买卖，但是后台结算过程仍需好几天的时间。考虑到金融市场的全球性，以及股票、债券、货币和其他金融工具的交易连续性，这一点显得尤为重要。即使关闭了某个特定市场如美国的证券交易所，也有其他市场用来交易金融资产，但在结算和清算领域却大不相同。交易结算、余额确认和验证相关方身份方面的延迟，并不是新的挑战，这些问题存在已久，也不可能通过简单地使用新技术工具立即得到解决。尤其是当财富、市场和组织可能受到 Twitter 和其他社交媒体的交互性影响时，财务数据核实和沟通的延迟问题，似乎远不能与交易实现同步化。

区块链技术可以用于提高验证数据和信息的速度，而且还向全球新的潜在投资者敞开了便利之门。投资银行、商业银行和贸易公司，这些传统的金融基础设施，要对技术、通信、金融工具和平台进行资金投入，才能实现通信变革。而区块链特别是加密货币的迭代和应用，允许个人和机构使用笔记本计算机连接互联网，甚至像平板计算机的移动工具，就可以发起通信、发送财务信息和传输数据。财务专家，尤其是在财富管理和个人理财领域工作的专家，往往会为客户扮演多种角色。首先，最重要的角色可能是市场分析师和"翻译"。也就是说，许多财务规划师的工作是确保客户了解的信息是可验证的、准确的，并可用于做出更有效的决策。随着区块链平台上存储、验证和可用信息的数量的不断增加，根据合理估计，人工审查和解释的必要性将逐渐减少，任何合理的估计都是如此。虽然 AI 和区块链可能会使一些现有的角色和职责变得多余或过时，特别是在回顾市场趋势和力量方面，但它也会为财务专家创造新的机会。归根结底，它们是最令人兴奋的投资机会，但也充斥着各种炒作。

技术，特别是更智能的程序和自动执行证券交易的技术并不是新事物。任何与财务有关的人都不应对此感到惊讶，其中的意义可以概括为两个方面。首先，由于大量的股票和债券市场是通过计算机或自动化程序处理或交易的，因此理解这些不同术语的实际含义很重要。也就是说，专业人士需要理解和整合这些不同的术语对于投资和交易的意义。其次，自动化程度的提高和自动交易的执行，需要越来越多的人力监督。这种增加的监督（oversight）可以采取某种管制（regulation）、手动检查、处理或定期审查的形式，但基本模式保持不变。

12.7　科技创造机遇

财务服务的专家最常被提到的问题和缺点之一是，尽管他们为提供服务付出了大量的努力、精力和时间，但客户却认为这些服务没有战略价值。具体来说，在与会计专家的对话中，经常出现以下问题：目前正在进行的审计、纳税申报和备案，甚至每月财务信息的生成，通常都不能被视为在本质上增加了组织的价值。不管哪个行业或组织，管理团队的一个核心特权说到底就是在持续的基础上做出有效决策。事实上这意味着，为了确凿无疑地被视为增加了价值和真的商业伙伴（business partner），财务服务专家必须能够很好地满足其他业务专家的需求。

一定程度上说，这并非新的主意，而是由于整个商业决策生态系统中技术的日益集成而被放大了。大量地分析信息、寻找和验证潜在模式、从各种有缺陷的数据中推出真知灼见以及提供建议，这些都是前沿性任务，也是历来就有的工作。然而，通常情况下，财务人员只专注于分析已发生的信息的准确性和有效性。这确实在报告方面增加了价值，但并不能帮助推进决策过程。造成这一差距的主要原因是，目前所做的工作与管理团队期望的工作在质量方面的差距很大，这可以追溯到以下几个关键领域：

首先，会计和财务专家的任务通常需要大量的时间和精力，其工作是确认信息、验证数据的准确性，并确保将正确类型的信息传递给合适的最终用户。此类工作构成了许多公司传统意义上成熟的商业模式的基础，但并不能帮助其他管理人员以前瞻性方式做出决策。随着 AI 和区块链技术在组织中越来越成为主流，从业者应该能够利用这些工具把较低级别的工作转换成高等级的工作。

其次，对会计和财务的专业人士来说，如果想要在数据分析上花费尽量少的时间，需要注意的一点就是先确保历史信息的准确性和完整性。所以，无论是 SEC 要求的报告、基于所得税目的的报告，还是向外部债权人提交的财务报表，财务人员通常都要确保信息的准确性。虽然从监管和法律角度来看，这类工作很重要，但它确实占用了原本可以分配给更具前瞻性和战略性工作的时间和精力。

最后，在财务服务领域，也许最难克服的是一些从业人员的勉为其难的心理桎梏，他们不愿意创新，不愿意做一些与以前不同的事情。当然，缺乏创造力可能是因为过于依赖大量的既有事实和过去的先例。毕竟，与财务服务行业相关的一些最深刻的失败、破产和丑闻都与个人和组织使用创新型财务工具或金融产品有关。另外，还存在失德者的所作所为，但是所有这一切并不意味着可以忽略创新。再次强调，本书的核心，在于提示行业的创新性和创造力需要被接受，需要利用技术进步来促进行业发展。

随着技术和自动化日益融入会计和更广泛的财务服务环境，在整个决策过程中，考虑通过自动化方式简化运营和实施技术方案所产生和创造的机会也很重要。毫无疑问，财务人员将受到更广泛商业环境中自动化、数字化和技术力量的影响，它们也在为财务人员创造机会。

（1）数据专家和分析师。虽然物联网、大数据、AI 和数字化信息的重要性与日俱增，人们会获得大量的头条新闻和各种信息，但对这些信息的解读仍然是会计界和金融界许多个人面临的一个障碍和挑战。财务人员的专业能力和技能，使其具备在数字化和移动化环境中，优先提升价值的良好基础。

（2）**前瞻性分析师。**AI、区块链和物联网技术在专业服务领域将为个人提供前景分析（forward looking）的能力。客户最为关心的问题是，虽然收到的信息和数据是准确的，但通常来说，这些被报告的信息已经过期数周或数月之久，因此前瞻性分析就会成为一种需求。

（3）**内部控制专家。**尽管会计和财务专业的自动化将成为市场上的一股强大力量，但内部控制也将变得重要。特别是在处理交易和分录的速度只会提高不会减慢的情况下，保持一个稳健的控制环境，是财务人员必须承担的责任。

本章小结

本章分析了会计和财务服务的从业人员寻求应用新兴技术的一些重要的想法和议题。尽管透彻地了解区块链、AI、RPA 和其他技术的应用是困难的，但它是重要的，从业者对于趋势和动向应保持清醒的意识。在几乎每一个会计或财务的会议中，与新兴技术工具相关的主题和内容，也伴随着失业、裁员或市场格局的变化。重要的是要了解技术趋势和自动化将导致的商业环境变化，这也将为有远见的专业人士创造机会。无论是从实际管理角度分析，还是从专家为不同客户提供建议和指导的能力来看，客观地看待新兴技术的意义是很重要的。这些技术正在变得越来越主流，了解技术趋势以及这些趋势对会计和财务领域的总体影响，对于每一位从业人员来说都是重要的。技术可能会在名称和首字母缩略词等标签方面发生变化，但它们对专业领域的趋势性影响不会改变，并且还将扩大，这应考虑到跨行业的业务决策过程中。

思考题

1. 基于本章的阅读，以及对新兴技术的理解，你认为这些技术是有利还是不利于财务服务领域？

2．从个人和机构的角度来看，应该如何适应不断变化的技术和财务服务领域？

3．本书所提到的新兴技术趋势和动态，哪些趋势和力量对你所在的公司最为重要？

补充阅读材料

Forbes – The 50 Largest Public Companies Exploring Blockchain – https://www.forbes.com/
sites/michaeldelcastillo/2018/07/03/big-blockchain-the-50-largest-public-companies-
exploring-blockchain/#2697feaa2b5b

Innovation Enterprise – The Implementation of Blockchain in the Energy Sector –
https://channels.theinnovationenterprise.com/articles/the-implementation-ofblockchain-
in-the-energy-sector

Cointelegraph – IBM Patents Blockchain Implementation to Manage Data for Autonomous
Vehicles – https://cointelegraph.com/news/ibm-patentsblockchain-implementation-to- manage-
data-for- autonomous-vehicles

参考文献

Campbell-Verduyn, M., & Goguen, M. (2018). A digital revolution back to the future:
Blockchain technology and financial governance. *Banking & Financial Services Policy
Report, 37*(9), 1–11.

Corson, M. (2016). The future of finance. *Financial Executive, 32*, 6–11.

Culp, S. (2008). Moving the finance team to the future. *Financial Executive, 24*(7), 44–47.

Doran, D. T., & Brown, C. A. (2001). The future of the accounting profession. *Journal of
State Taxation, 20*(2), 41.

Gump, A., & Leonard, C. (2016). Blockchain: Regulating the future of finance. *International
Financial Law Review*, 1.

Simunic, D. A., & Biddle, G. C. (2019). The big four: The curious past and perilous future of
the global accounting monopoly. *Accounting Review, 94*(1), 353–356. https://doi.org/
10.2308/accr-10638.

Syeed, N. (2018). Security: Is blockchain voting the future? *Bloomberg Businessweek, 4580*, 43–44.

van Rijswijk, L., Hermsen, H., & Arendsen, R. (2019). Exploring the future of taxation: A blockchain scenario study. *Journal of Internet Law, 22*(9), 1–31.

Yu, H. (2016). What wall street's obsession with blockchain means for the future of banking. *Fortune.Com*, 1.

第 13 章

AI 与区块链的审计意义

目前已开展的工作中最引人注目的部分，尤其是财务服务领域中涉及会计的部分，都与审计和鉴证有关。目前的审计流程，十分适合使用区块链工具来提高效率和自动化程度。跨地区、跨公司的审计或类似的活动往往包含若干相同的核心组成部分。审计业务约定书包含了外部审计机构提供的服务的概述，但不限于测试某些资产、核实财务报表金额以及据此给出意见。然而，即便有这些测试和分析，其中一些工作的性质还是相当复杂的。无论审计流程的效率有多高，时滞问题一直无法得到妥善解决。简单地说，从数据实际生成到审计实际发生的时间间隔，可能会长达几个月。哪怕是过渡性工作，或在一年中的不同时间执行的工作，从数据以及潜在错误的产生到报告给管理层，这些工作仍然有很大的时滞性。图 13.1 所示为财务事务或交易中可能应用审计和鉴证的一些领域，这些领域都具有应用新兴技术的潜力。

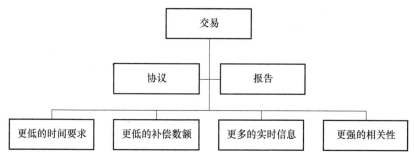

图 13.1　新兴工具有助于审计过程

尽管提及审计报告的时滞问题看似多余，或者并没有那么重要，但实际上它会在信息处理并向市场报告方面引发根本性改变。即便拥有当前的自动化程度和效率，财务信息往往也不会实时地报告或分析。从最小的商户到最大的全球化企业，月末结算和报告的过程都可能持续几天甚至几周。这种信息报告的时延不仅会导致重要数据的遗漏，也给个别不道德的人进行欺诈活动以可乘之机。此外，能够更连续地处理和报告数据也使得连续发生欺诈的可能性增加了。以往审计和鉴证服务取决于从业者是否有能力检查和分析与组织相关的信息，然而，如果这些信息片段存储在可自动操作、批准和验证数据的系统上，并且整个过程几乎无人参与，这将导致审计过程和审计程序发生革命性变化。

13.1 连续审计

要使一个基于准则规定展开工作的职能人员，转变为一个具有前瞻性的合作伙伴和战略顾问，当前由财务专家执行的一些底层任务和流程必须改变。对审计师或管理专家来说，更连续的审计鉴证理念早已不是什么新愿景，自动化和 AI 工具的兴起正在使这种连续工作越发可能实现。无论行业隶属关系或地理位置如何，领导者和管理专家都需要高质量的信息来做决策。尽管战略规划最初仿佛是一种定性谈话，但每一项战略投资和选择都需要坚实的定量信息作为基础。财务专家有独特的作用，他们能够利用现有的能力来理解、分析和解释几乎每个组织中都存在的传感器、连接设备和移动设备组成的生态系统所产生的无穷信息流。

这些大量的信息几乎是在连续的基础上生成的，并且包括结构化数据和非结构化数据。为了匹配数据，财务人员需要做些调整、验证和核实。为了提供合适的报告框架和指引以协助决策过程，审计必须变得更加连续、更加全面（Alexander，2018）。更全面的审计，意味着在实践中不但关注结构化数据（如生成 Excel 或 CSV 格式的报告），也要分析核查由不同信息流生成的非结构化数据，例如来自社交媒体的文字型数据。无论生成什么类型的数据和信息，以及更全面的审计重点何在，基本原则是：为了更好地决策，必须有更多的实时数据。

信息的实时分析表明，现行的报告结构和方法已不再充分。季度指引、定期发布声明、限制信息从组织流向市场，这些都造成了不利于当前商业环境可持续发展的信息不对称性。随着时间的推移，从管理层传递到市场的数据，正在被社交媒体取代和增强。例如，2018 年 8 月，特斯拉的联合创始人兼首席执行官马斯克通过拥有数千万粉丝的 Twitter 账号发布了一条推文，表示计划将该公司私有化。这本身不是什么问题，但似乎马斯克的 Twitter 账号也表示，资金已经得到保证。除了这条推文有潜在法律风险，马斯克之前的声明和评论表明，他希望惩罚那些做空特斯拉的个人和组织，并给他们造成经济损失。在撰写本文时，这三股力量结合在一起，导致 SEC 对这一行为展开调查。当然，这一具体事件的后果将成为未来分析和讨论的主题，但也表明数据正从定期报告和信息披露向更紧密地与连续报告相结合的环境转变。

显然，向更连续的审计功能和实践活动演变，要求审计和鉴证人员不仅能够理解增加自动化程度的潜力，还要能够了解如何去处理与转变相关的缺陷。例如，如果不再需要确认应付账款、应收账款和其他财务余额信息，就必须改进在客户的损益表和资产负债表上创建和记录数据的基本流程。再次强调，仅仅只是加快速度，而汇总到资产负债表的数据依然是错误或不正确的话，也不会改善组织的分析结果。会计从业人员以及在财务部门工作的任何个人，需要在技术潜力和现实情况间做出平衡。与财务服务相关的投资者、交易员和其他个人，则需要知道如何对来自组织各方面编报的大量信息做出最好的理解、解释和报告。

13.2　连续报告的影响

从组织到市场的信息沟通潜力和更连续的报告，对从业者来说，这些趋势几乎都是好消息。不管受雇于哪个公司、在市场哪个部门，从业人员总是希望有更多的信息和更实时的数据。然而，在这类报告变得越来越普遍的情况下，有几个影响需要认真考虑。这些影响既有积极一面，也有消极的一面，需要在更广泛的背景下加以分析。

首先，前文已经提及，随着越来越多的底层流程被自动化和简化处理，对系统审计员、控制专家和技术专家的需求将会增加。这与区块链及其增强系统的主要业务活动直接相关。换句话说，要能够识别和评估那些通过区块链解决的具体问题（Gale，2019）。人们期待财务专家能利用这些工具改善客户服务，无论是通过自动交易平台及其战略（其中一些是全球最大的金融机构的），还是确保最初正确地记录和报告数据。尤其是当前处于连一个标题或新闻都可以对市场产生极大影响的商业环境中，信息的简练性（cleanliness）是绝对必要的。在这方面，数据完整性（integrity）和标准化（standardization）的重要性日益增加，这也与更连续的数据和信息的第二个影响有关。

其次，在连续地输入和输出数据流的加持下，客户和委托人几乎可以保证做出明智的决策。从价值主张的角度看，比起当前的产品，客户更愿意为前瞻性的信息或基于咨询的服务付费。这并非抽象的概念或想法，而是整个财务服务业的既有感受（McNally，2019）。多年来，交易和资产管理领域的利润率一直在压缩，这在市场上引发了连锁反应，并且这一趋势只会持续下去。坦率地讲，随着消费者已经习惯于更多的技术出现在生活中的各个方面、因需而变的服务以及价格的降低趋势，各类组织也在发生变化。长期以来，咨询与审计费用一直是财务服务组织的主要收入和盈利（更重要的）来源，但现在也面临着行业整合和监管压力。由于这些潜在的挑战和障碍，客户实际上愿意为建议和指导支付溢价，这些建议和指导将帮助他们为投资组合和其他资产策略带来价值。特别是从会计和报告的角度来看，这已经产生了新的业务线，即提供新的服务。全新模式的企业正在各地崛起，以满足市场的这种需求。

13.3　税务报告

在与区块链和加密货币相关的财务服务领域，一个最有趣的驱动变革和发展的动态就是，税收的报告、分析和信息的重要性愈显突出。这种变化是不可避免的。加密货币可能已经过了顶峰期，2017 年年底的市值接近 8000 亿美元，目前却处于低得多的水平，但还是吸引了大量投资者。自从加密货币被引入市场，许多投资者已经获取了数百万美元的回报和利润。虽然个人和机构可能不在同一时间参与这一领域，但监管环境总体上还会随着时间不断进化和演变，包括定义区块链和加密货币在商业环境中的角色（Viniak，2019）。许多监管机构都在参与进来，形成了这样一个局面：按照从业者对报告和税收的兴趣的不同，对税收问题的答案和解决方案就有所不同。在深入探讨税务报告和分析之间的差异之前，让我们先看看不同的加密货币是如何分类的，这可能会占用一些时间。

（1）证券型通证（security token）。 证券型通证的核心含义，简单来说就是，SEC 等监管机构可以将其视为权益类证券。证券型通证和实用型通证之间的区别是，证券型通证类似于投资者持有的股票。如果不是为了使用区块链技术，它们可能就不会发行证券型通证，而是直接发行股票或所有权。重要的是要认识到，即使这些项目可能被视为加密数字货币，也必须以报告股份的方式加以说明。

从报告、合规和所得税的角度来看，尽管证券型通证实际上是一种加密货币，但它们仍会被视为财产而不是货币。除了支撑 ICO 流程的要求和技术规格，包括但不限于区块链平台本身的开发和编码，财务顾问还必须能解释这些项目及与之相关的含义。尽管这些项目被视为加密货币，并吸引了大量非传统投资者的关注，但对股东的受托责任是一致的。

（2）实用型通证（utility token）。 除了与区块链领域相关的术语和技术，对于财务服务顾问来说，能够理解这些术语的业务含义也很重要。当前，似乎是某些术语、特定想法或应用力量在推动商业环境变化。因此，财务服务人员不仅要对区块链应用场景提出建议，还要就不同类型的代币如何影响组织的业务发表意见。

实用型通证的重点在于，它并不像证券型通证那样代表所有权或股权。相反，实用型通证，或者说实用型代币，可让投资者以一定的折扣率获得产品或服务。实用型通证，类似于团购或其他形式的优惠券，可以在将来的某个时间从组织中兑换所购买的项目。一旦项目启动并运行，最初的购买者可以将代币出售给对产品和服务感兴趣的新投资者。

仅仅理解证券型通证和实用型通证的区别还不够，财务服务人员还必须能以合理的方式向客户解释两者的差异。当下的商业环境信息比以往分布更广泛，财务服务人员不仅要扮演主题专家（subject matter expert），并且也是一个解释者或者"翻译家"，这一点至关重要。无论内部或外部的客户，都将依赖财务服务人员在这些新兴领域提供的建议和指导。

13.4 税务指引及意义

美国的政治环境，尤其是民粹主义的兴起，无论具体表现形式如何，对财务服务和信息的影响是深远的。针对个人财富和资产征税这一话题，有一些建议已经付诸实施，还有一些想法和概念正在推出。当前，美国政府对个人和企业征税的方式，尽管存在各种漏洞，但仍是相对直接和完善的。这就提供了区块链的应用机会，可以用来协助收集和报告信息。正如财务专家所知，随着 2017 年公司税改革的通过，美国与收入相关的税收程序确实发生了重大变化。个人和公司税务改革、报告和收集还需要在许多不同的机构之间分析、报告和分发信息。从实际的角度来看，这意味着会计、财务和税务专家也需要考虑将区块链技术融合新兴税务事项中。

无论个人或组织是否支持新税收政策，在政策实施时，最具挑战性的问题之一就是从业人员需要如何将新的信息来源整合到当前的和拟提议的税收制度中（Gibson & Kirk，2016）。为了深度探讨基于区块链的平台、科技、税务报告和信息领域的意义和关联关系，让我们来看一下当前各个基于区块链的税务平台是如何加强信息的收集和报告的。与税收报告和税收分析相关的两个最为关键的新兴领域，是分别针对加密资产和个人资产的征税提出的。不管个体和组织认为这些税务提案是否合适，我们都可以合理推测：随着全球经济持续增长，不同种类的加密资产将逐渐融入财务行业主流，这是从业者不可忽视的。

假如各类加密资产，通过去中心化和分散化方式，进行存储、交易、传送，会计和财务专家就需要有相应的协议和策略做出税务报告和税务分析。这是 AI、自动化和基于区块链的工具的另一个应用，可以在税收、函证和其他财务服务中实施（Hood，2018）。对于那些提供税务建议和指导的专家来说，他们还需要获取某些交易的信息来源，并且能证明该来源数据的合法性，以及具有建立监管流程去追溯资产原主和后继购买者的能力。对于积极使用新技术的专家来说，这是很好的机会，可以了解如何利用服务来帮助财务人员全面进步和提升。

13.5 置身于连续报告的财务专家

毫无疑问，绝大多数财务决策都是利用金融杠杆和其他定量信息做出的。我们要意识到，每个组织、每种情况都是独特的，数据的汇编与分析、向市场报告的状态和速度，正越来越不符合利益相关者的预期。财务报表的使用者不仅想了解和分析组织的运作方式，还希望知道组织如何实现这些目标。财务报告的读者，除了期待组织及时提供高质量信息，还希望组织能以涵盖其他运营指标的方式提供信息。毕竟，AI 工具可以与物联网同步，为什么要将这些大量重要数据排除在报告过程之外呢？

直接从组织本身的运作中提取信息的可行性，对从业者来说既是机遇，也是挑战。在经济环境快速变化的今天，这也强调了传统课程和继续教育课程中的教育方式需要持续进化以跟上步伐（Decker，2017；Ng，2019）。这种情况面临的最大问题是，获取的数据是非结构化的，不是用标准化财务格式所表示的。这个趋势已经体现在报告和话题中，其中一个主要例子便是人们对非财务报告的开发和实施。

13.6 非财务报告

除了从传统定期报告到近似于连续信息流报告的过渡，我们可以合理推测：随着技术工具越来越流行，非财务数据也将逐渐纳入报告过程中（Mahamuni，2019）。尽管在传统意义上，由于缺乏跨行业的标准、框架和行业一致性，非财务数据的重要性受到限制，但这似乎正在发生转变。不管这种转变是由 AI 和区块链从根本上驱动的，还是仅仅被这两种趋势放大了，结果都不用怀疑。能够对更多信息和数据进行跨组织分析，这确实为财务专家提供了利用现有能力直接为决策过程增加价值的机会。但若只是简单的报告信息，则不能为经营团队增加价值或提供广阔的视野，还需要有针对具体场景的统一框架和系列标准用于指导以便有效地工作。幸运的是，随着组织内开发和生成的数据越来越多，市面上出现了一些可共用的框架和标准，可以协助实现数据的有效沟通。明确到现实世界的用例，就是已经出现的这两个基础性改变⊖，它们对准不断增强的技术集成和财务服务专家的竞争力，帮助了信息从组织向市场的传递。

本章小结

与市场相关并且仍在不断发展的最重要的事项之一，就是新兴技术对审计和鉴证的影响。审计和鉴证服务的专家如何运用这些新兴技术工

⊖ 两个改变指的是：对于非财务数据的重视程度增加，并且形成统一框架和系列标准；从传统定期报告到近似于连续信息流报告的改变。——译者注

具，这不单是一个学术上的概念或课题。随着新兴技术被众多行业和机构采纳，专业人士必须能够证明存储在其中的数据的准确性。这一问题牵扯了更广泛的会计问题，FASB 看似不会在近期提供明确指导，因为还涉及更广泛的会计问题，但根据 2019 年 3 月的一份公开声明，FASB 正在研究和定义相关的审计准则和其他的验证标准。本章的一些讨论，包括但不限于，区块链和其他技术工具如何自动运行和自我检查。明确地说就是，专业人员可以利用区块链平台的哪些组件和功能去提高透明度，更好地访问、存储、传送数据。最后引出的问题是，区块链技术集成度的持续提升将如何改变审计人员的角色。换个角度，如果审计人员更深地涉入区块链开发和实施的多个方面，这是否违背了完成审计和鉴证工作所必需的职业独立性？

思考题

1. 随着区块链和 AI 等新兴技术逐渐与专业融合，审计和鉴证的专业人才所承担的责任和扮演的角色将如何改变？

2. 在行业标准滞后的情况下，如何利用这些技术？是否存在一些业务类型依然能够很好地利用这些技术？

3. 你希望监管机构优先处理的三个事项是什么（不要忘记税务和审计方面的影响）

补充阅读材料

AICPA – Blockchain Technology and the Future of Audit – https://www.aicpa.org/interestareas/frc/assuranceadvisoryservices/blockchain-impact-on-auditing.html

Deloitte – Blockchain and it's Potential Impact on the Audit Profession – https://www2.deloitte.com/us/en/pages/audit/articles/impact-of-blockchain-inaccounting.html

FEI – What Impact will AI Have on the Audit – https://daily.financialexecutives.org/impact-will-ai-audit/

Towards Data Science – Better Internal Audits With Artificial Intelligence – https://towardsdatascience.com/better-internal-audits-with-artificial-intelligence-53b6a2ec7878

参考文献

Alexander, A. (2018). Changing tools, changing roles: Technology is driving the audit of the future. *Accounting Today, 32*(3), 10–14.

Decker, M. A. (2017). The evolution of the CPA exam. *Pennsylvania CPA Journal*, 6–9.

Drew, J. (2018). Paving the way to a new digital world. *Journal of Accountancy, 225*(6), 32–37.

Gale, S. F. (2019). Chain reaction: Blockchain projects are going mainstream. But they must deliver real-world benefits. *PM Network, 33*(4), 30–41.

Gibson, C. T., & Kirk, T. (2016). Blockchain 101 for asset managers. *Investment Lawyer, 23*(10), 7–14.

Hood, D. (2018). Brace yourself for AI & blockchain: There's less threat and more opportunity in emerging technologies than many think. (cover story). *Accounting Today, 32*(1), –1, 31.

Mahamuni, A. (2019). How to unleash blockchain into your supply chain: Blockchain-based applications provide transparency and visibility throughout the entire supply chain. *Material Handling & Logistics, 74*(1), 21–24.

McNally, J. S. (2019). Blockchain technology: Answering the whos, whats, and whys. *Pennsylvania CPA Journal*, 1–6.

Ng, C. (2019). Blockchain in the accounting curriculum. *Pennsylvania CPA Journal, 90*(1), 14–15.

Viniak, V. (2019). Beyond cryptocurrency: blockchain as a value creator & connector. *Supply Chain Management Review, 23*(1), 26–29.

第14章

ESG 及更多应用

14.1 整合报告

　　整合报告是一个全面性报告框架，既反映了利益相关者的兴趣，也反映了组织产生结果的过程（Zhou et al.，2017）。无须深入细节和技术问题，整合报告可以概括为一个向外部利益相关者报告财务和运营数据的方法和工具。这个报告框架已被国际上多个行业的各类机构和组织所采用，它的核心在于，可以通过多元资本模型（multiple capital model）进行总结和强调重点。多元资本模型将整合报告这个新概念与财务服务行业紧密联系起来，包揽了尽可能多的各种信息。如图14.1所示，从财务专家角度与组织战略角度考虑，深入研究多元资本模型本身是很有必要的。

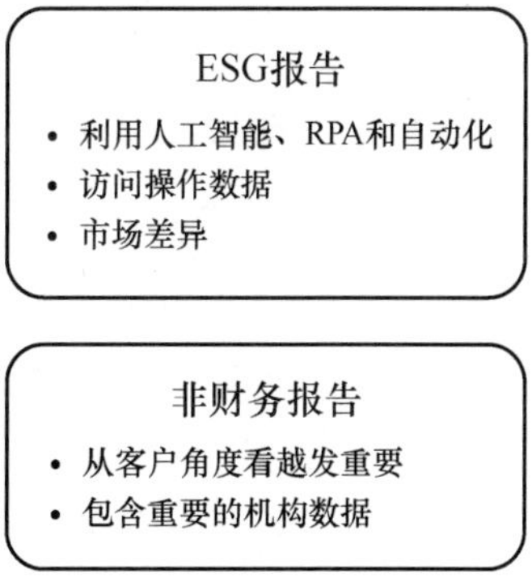

```
┌─────────────────────────────────┐
│           ESG报告                │
│  • 利用人工智能、RPA和自动化      │
│  • 访问操作数据                   │
│  • 市场差异                       │
└─────────────────────────────────┘

┌─────────────────────────────────┐
│           非财务报告              │
│  • 从客户角度看越发重要           │
│  • 包含重要的机构数据             │
└─────────────────────────────────┘
```

图 14.1　非财务报告与新兴技术

在查看多元资本模型的各组成部分之前，先了解这个框架对于推动会计和财务变革的意义。传统上，资本至上的观点（the view of capital）是一个仅仅与管理者可支配的财务资源和资产相关联的过于简单化的模型。这样的想法与理念好像合情合理，但将重点聚焦于通过市场竞争实现季度盈利目标时，这种观点就难以适用了，它无法满足组织进行持续评估的需求。即使只通过有关金融资产的交易、记录和新闻媒体上的信息，也可以得出这样的结论：人们对区块链和 AI 这两股力量在当前市场格局中的意义越来越感兴趣（Avery，2017）。

正如受过良好教育和经验丰富的财务服务专家所认识的那样，财务业绩是评估组织和管理团队的基础，但也只是评估的一部分。经营的可持续性，不仅包括单个可持续性项目的发展，也要有组织在可持续基础上产生成果的能力。它们都是财务利益和非财务利益相关者感兴趣的话题。考虑到这一点，发展更具全面性和更健全的框架以满足最终用户的需求就很合乎逻辑（Moy Huber & Comstock，2017）。显然，没有哪个报告框架可以做到万无一失，也没有哪个生意经能处理所有例外情况，但是向整合报告迈出第一步无疑是合理的转变。新兴技术将有助于这一过程的实现，以更连续、更全面地方式向最终用户报告数据。我们需要了解其中的基本原理，能够将某一组织的报告数据与其他可比组织的数据进行比较分析（Chender，2019）。换言之，虽然 AI 和区块链等工具有助于收集和分析各类信息，但财务专家需要理解基础概念，以便于有效利用这些技术引导变革并满足不断变化的市场期望。

多元资本模型包含的资本主要有以下几类，了解这些资本分类将有利于会计和财务人员明确未来发展方向：

（1）金融资本。本领域从业人员和管理专家对金融资本的概念都很熟悉，因此它可以作为理解多元资本模型的起点。传统上，财务服务专家像金融资本的管家一样，主要关注如何分类、评估和最大化管理效率。金融资本和财务业绩在未来仍将保持重要地位，并将通过引入新的资本形式而得到增强。

（2）制造资本。制造资本的概念似乎只适用于实际制造和生产类的组织机构，但这样的观点是片面的。除了适用于从事产品生产的组织机构，制造资本也适用于任何参与物流和运输的组织和机构。

（3）自然资本。可持续发展是管理专家和市场分析师最热门的话题之一，但随着市场本身的变化，可持续性也在不断发生改变。可持续发展倡议，最初可能只是针对采掘业的主题。采矿、木材、石油和其他采掘组织，似乎是少数契合这一主题的组织，但这只是片面的观点。每个技术组织，即便那些依赖于无线连接的、面向终端消费者的组织，也需要配备大型的、集中的和大功率的数据中心和数据基站。为数据中心提供电力，会对运营与财务产生影响，这将导致领先的技术公司投资于可再生能源。

（4）社会资本和关系资本。这实际上是新兴技术得以兴起的两项资本。无论我个人的观点是否正确，社交媒体都越来越成为企业组织和管理团队与市场互动的方式。就 2016 年大选后美国的政治环境来说，在 Twitter 和其他社交媒体间的互动可以推动单个公司甚至整个市场的价格波动。

（5）人力资本。人力资本的概念，看起来似乎与人事密切相关，其实是一类与新兴技术直接相关的资本。无论是财务专家，还是其他专家，对继续教育和培训的需求不再可有可无。高效利用组织资源与时间，是所有财务服务专家的一项受托责任。尽管培训工作已经发展了数十年，但是确保不同岗位的员工能接受相应的培训仍是人力资本的一项重要工作。

（6）知识资本。知识产权、智慧资本、智力资产和无形资产在市场估值中逐渐占据越来越大的比例。过去几十年中，标普 500 指数成分股中与智力和无形资产相关的估值比例已上升到 50%以上。包括 AI 和区块链在内的新兴技术工具，只会加速向着与技术和无形资产相关的组织价值转变。充分利用这些技术与财务专业知识，并将这些技术与市场力量结合起来，将不断成为各类新闻的焦点。

本书以独到的视角，将上述不同类别的资本进行分类和整合。对于新型资本的信息沟通与披露，无论采取整合报告还是其他更全面的报告形式，都需要在技术进步能使信息收集和分析成为可能的情况下才会实现（Greengard，2017）。人们对可持续发展数据和信息的兴趣日益增长，表明人们已经认识到经营成果是推动财务业绩的决定性因素的客观现实。例如，即使在财务服务公司，管理专家跟踪和评估员工敬业度、培训和发展水平也变得越发重要。下文通过几个实例来说明这种转变的现实性，也即将技术与资本集成有利于制定出更全面更实用的报告标准。

14.1.1　阿迪达斯

由于阿迪达斯与许多不同监管制度下的外部合作伙伴在全球范围内开展业务，这使它成为利用新兴技术以协助制定更全面的报告标准的首要候选者。虽然这种全球性合作与更广泛的、具有技术支持的财务报告目标相契合，但管理团队仍须克服各行业组织所面临的共同困难，即组织和管理专家如何利用当前新兴技术来更有效地报告信息，并以有利于市场参与者的方式报告这些数据。阿迪达斯所采用的方法是，在可持续发展报告、财务报表和新兴技术对组织的影响这三者之间建立联系，也即将可持续性项目纳入投资组合。

与美国环境保护基金（EDF）合作，像评估其他项目一样评估财务类项目，可以使财务部门在更广泛的场景中发挥更突出的作用。通过类似的策略和努力，可以让那些在传统应用场景中无法存活或未得到资助的项目，在更广泛的经营活动中获得成功。如果没有合适的技术跟踪、监测与报告上述项目的经营情况，就不可能节省数百万美元的运营成本并改善财务状况。截至目前，阿迪达斯并不是唯一能够高效利用科技来促进更广泛的信息报告与分析的机构，这种理念也并不局限于服装和鞋类领域的零售机构，可口可乐也同样复制了这一实践。

14.1.2　可口可乐

可口可乐，一家全球性经营机构，其任务是向全球受众与市场分发产品、服务和信息。然而，其技术应用并不只意味着可持续性项目或投资组合，而是一种与企业核心业务紧密结合的经营方法。可口可乐作为典型案例，形成全面技术性报告的基础和重点是水资源，特别是公司管理团队对可饮用水的责任。与公司内部和外部伙伴共 300 多人合作研究的结果，令人印象深刻。数亿美元的投资就是最佳佐证，表明运营、技术与报告的交叉不仅仅是一场学术对话，而是正在走向现实。

尽管像可口可乐这样规模的企业试图采用一个良好的报告框架时，资源优势无可争辩起到了支撑作用，但实际业务与盈利结果（bottom line result）间的联系也是清晰可见的。秉持良好端正的心态和正确的战略方针以拥抱更广泛的信息固然重要，但经营机构内部也必须具有将这一愿景转化为现实的技术工具。搭建桥梁以连接技术集成趋势与日益增长的市场期望，这是区块链和 AI 创造有效利用的机会。也就是说，作为发展趋势的新兴科技与财务数据之间存在某种直接联系，我们应当意识到运营数据对管理和报告披露的重要性，特别是对新兴技术的部署和应用，可以从使用区块链或 AI 技术驱动连续报告开始。

14.2　区块链和 AI 的咨询意义

区块链和 AI 的影响并不局限于变革传统的角色、任务或职责。除了重塑传统角色和职责，这些前瞻性应用当然需要从业人员有更深的理解和分析，这将对咨询领域本身产生影响。考虑到咨询服务为许多会计公司及其从业人员提供了丰厚利润，因此这一领域也不容忽视。

财务服务组织代表了对区块链应用最感兴趣的一个用户集，如今，这项技术正在广泛地扩展至传统财务应用以外的领域。区块链和 AI 的日益广泛的应用，将为注册会计师和其他财务专家，创造更多的咨询角色、工作和机会。在新兴技术领域及周边领域，有许多疑问、担忧、话题，客户需要得到对现在和未来的答案（Sharma et al.，2018）。财务专家必须能够提供和交付与下列问题有关的咨询服务：

1）区块链对现在或未来的组织都有意义吗？

2）如果上一个问题的答案是肯定的，那么什么类型的区块链最适合组织？

3）如何将这种类型的区块链引入组织，如何更新当前和未来员工所需的培训和教育课程？

4）组织是否有足够的财力和人力资源用于实施和维护一个区块链平台？

5）当 AI 与公司当前信息质量相关时，AI 是否适合组织？

6）数据处理程序是否达到了成功实施和提高 AI 效率所必需的水平？

7）与 AI 相关的其他概念和应用程序，比如 RPA，对组织是否比 AI 更有意义？

8）与当前流程相关的文档和程序是否足够完善？

为了提供咨询服务、回答以上问题、满足客户需求，并在整个过程中提供咨询意见，财务专家需要了解这些技术的功能和工作方式。这并不意味着财务专家需要成为技术专家或程序员，但至少他们必须了解这些平台的基本功能和运作模式以及如何与当前技术相互作用。在财务服务领域，从业人员必须理解和掌握市场上的各种技术选择。从业人员在对这些新业务的潜在作用领域做出最终决定之前，需要考虑和采取的行动步骤可以归为以下几类：

（1）教育和培训。 当今，人们试图了解新兴技术工具在未来的含义并有效利用时，对专家的依赖日益加深。此时，从业人员要想取得成功，就必须与时俱进。与此有关的机会则在于，这些知识和专长超出了传统教育的范围，而且必须考虑到获得这些新兴主题需要各种不同的信息来源。利用开源教育材料、行业组织主办的免费研讨会以及诸如四大会计事务所这样已经发展起来的组织，是保持前瞻性、相关性和提供增值服务的可靠途径。

（2）与客户沟通。 即使从业人员及其组织都受过良好的教育并精通新兴技术，也必须将专业知识传达给现有客户和潜在客户。无论是在技术咨询方面，还是在知识和信息更新方面，管理好信息的分发，对于寻求保持、发展、开拓市场位置的组织来说都至关重要。制定沟通策略、确定最适合组织的平台并确保客户理解通信过程，这些都是不必大量投资就可确定的关键步骤。

（3）联系实践。最常见的痛点之一是，很多新兴技术在财务服务领域席卷而来，但将它们与现有产品或服务联系起来却很困难或者完全不可用。事实上，弥合鸿沟、提纲挈领地绘制新兴技术工具或平台如何与产品和服务相连接的图谱，这正是现有实践或新兴技术中的财务服务的专家应该履行的职能。

14.3　区块链和 AI 的税收意义

所得税是每个组织都必须应对和处理的问题，即使一些非营利组织不必缴纳所得税，但也必须向最终用户报告并传达其他税种的情况。回到重点，准备和核实税务资料。虽然《减税与就业法案》（TCJA）是2017 年年底在美国通过的，但是该法案的影响具有全球性并非常深远。对财务服务专家而言，它的重要性不仅在于税法条文本身有何变化，还有哪些会分阶段实施、哪些会逐步淘汰，哪些条文仅适用于某类组织。面对这一复杂体系，AI 和区块链似乎能很好地推动税收领域的变革。

凭借众多的税收软件和工具包，整个组织以及成千上万的人负责解决因税收政策而产生的问题，技术已经在税收方面发挥了作用。虽然已经存在这么多的选择和工具，但依然有不足，它们往往倾向于依赖相同的基本参数，并且涉及相对较多的人工监督。个人报税已经足够复杂，而与企业报税相结合时，各种税收情况可能变得更加烦琐复杂。无论 AI 和区块链最终被以何种形式采用，都能作为一个合乎逻辑的工具，帮助财务专家处理好税务问题。

税法和税收是有关政策、概念和指导方针的组合，需要分析和解释。如前所述，整个公司和机构的存在是为了更好地理解和应对不断变化的监管背景，这意味着技术将发挥更突出的作用。税法和税收政策的复杂性引起的混乱并不少见，也不是一次性事件，而是市场组织必须如何做好管理和领导的一部分。深入研究 AI、税务报告和财务服务业之间的直接联系，可以发现以下几个交叉领域：

（1）减少时滞性。财务服务专家和管理专家都提到，组织在生成数据和向外部用户提供数据这两者之间存在明显的时滞性。无论是定期财务报告、各类数据的审计和鉴证，还是编制和传递税务信息，这种延迟都需要改进。让我们来看一个在当前市场环境中的重要例子，在线销售以及与在线商务、电子商务相关的税收，即使销售已经发生，但从消费者的角度来看，实时结算、报告销售和使用税收数据是一个不透明且有时滞的过程。随着 AI 的应用和实施，技术平台的处理能力可以帮助减少这些领域的混乱和不透明性。

（2）改善税收征管。虽然各类税款的缴纳通常不被视为一项积极的财务服务工作，但这是基本业务。AI 可以在从业人员与征税组织间建立联系，这能够提高地方、州府和国家层面的税收征收效率并带来其他好处。即使在 2017 年年底 TCJA 通过之后，市场参与者之间的共同争议点仍是：尽管会同时披露总体税率和税率影响因素，但许多组织并不按照这些法定税率支付。向政府提供收入清单，可以使纳税企业更准确地履行职责和实现预期，还能增加它们的所得税事项透明度，这有助于公众对这些组织的感知。换言之，提高所得税申报（income tax preparation）和所得税缴纳的透明度和有效性，既可以为政府活动提供所需资源，还可以帮助提升纳税人的声誉。

（3）区块链和实时信息。由于涉及不同的税务报告和税收分析，税务实体之间的数据通信经常存在严重的时滞性。不管在组织中内置哪种具体平台，都可以通过区块链在加密和连续的基础上进行信息交流和传输。这也直接与区块链技术的另一个好处相关，即减少确认和验证不同信息来源所需花费的时间。

编制纳税申报表和其他税务报告文档占用了宝贵的时间，而且在不断变化的税务法规和条例的背景下，这一过程将更加耗时。例如，在当前的环境下，对于在全球范围内运营的组织来说，包括任何有可靠互联网连接的组织，可能需要数周时间准备税务文档。更细一点，财务专业人员需要同时考虑个别交易事项和合并财务报表，本地货币交易的记录和外币折算也需要时间，并且当且仅当在此项工作之后才能开始处理所得税部分。在全球化的商业环境下，这不是在做学术讨论，而是涉及数万亿美元的重要实践问题。

（4）跨境税务交易。许多跨国公司的绝大多数税务交易发生在海外或者组织内部的不同分部之间。就全球的估值和发展而言，这些交易对有关组织以及客户咨询服务的提供商来说，都价值数百亿美元。这表明 AI 可以解决那些令市场上最成熟的组织都感到困扰的商业问题。

1）除了通过更加自动化和数字化的税务报告和征收过程节省资金，还可以为组织提供了将资源重新部署到更有价值的增值业务中的机会。

2）减少跨国公司准备纳税申报表所需的时间、文书工作和体力劳动，可以使各国政府以有效的方式征税。

3）重要的是，这不仅是学术或理论上的话题，而且已经在某些美国以外的市场中实践。区块链技术和 AI 有能力整理海量信息，并且能够帮助提高数据分析效率，这已经在多个市场产生了效益。

14.4　服务特定产业

财务服务专家创造价值的重要领域之一，在于开发和完善特定部门和行业的技术平台及其标准。会计师事务所及其员工应当尝试，利用新兴技术重新定义公司的运作方式，以及公司与委托人的互动方式（Eisenstaedt，2019）。区块链是一种用途广泛的基础性技术，具有跨越多个行业的影响力和潜力，但在组织寻求实现和改进基于区块链或区块链增强的解决方案时，仍然存在许多未解决的项目、问题和领域。虽然大家所在的部门和组织不同，面临的机遇和挑战也不同，但如果希望进入这个利润丰厚的市场，这里有一些需要共同考虑的话题。

重要的是，首先必须对当前的行业风险和挑战做出评估，这可能包括一般项目和公司特定项目。对行业进行全面评估，需要特别注意到，截至本书出版时，与这些领域相关的监管格局仍在不断演变。然后，除去数据隐私值得关注，更为广泛的信息分析也是财务专家可考虑的额外选择。再次，提供咨询服务，要求财务专家不仅了解技术内涵，还要了解技术迭代和集成性解决方案。财务专家的重要工作是提供咨询服务，掌握技术有助于他们更好地发表专业意见。最后，虽然以下特定部门并不包含所有情况，但可以借鉴到对应行业的项目和注意事项：

（1）**房地产客户**。在谈及房地产行业时，常想到的是成堆的文书（paperwork）和交易参与人。在抵押贷款发起人、商业放款人、个人放款人和金融家、律师、房地产经纪人、产权调查机构和房地产购买者之间，随着参与人的增加，文书工作量和来回办理的次数会迅速增加。这张利益交错的大网的核心在于这样一个事实，与房地产交易相关的金融影响和后果可能相当大。虽然财务专家不在房地产业发挥主导作用，但可以并且也应该参与基于区块链集成的有关控制、财务和物流的评估。实际上，参与房地产交易的每一方都有机会从区块链技术中获得利益，即使仅限于减少文书工作这样的微小变动。

（2）**保险客户**。本书多次提到保险业，是因为保险业几乎是为区块链量身定做的。保险理念的核心是，保险人有权获得对等的补偿，以支付客户方在满足某些条件时有权获得的赔款，这通过相关方或机构之间签订的合同和协议来实现。除负责代表他人管理资金的金融机构所体现的信托义务，保险合同和组织还必须处理基础业务流程中所涉及的根本性信任缺失问题。虽然欺诈在每年提交的索赔总额中所占的比例较小，但过去几年中，欺诈索赔预计支付的总额已达数十亿美元。除了索赔引起的财务影响和底线成本，欺诈性索赔的可能性也大大增加了保险支付的复杂性和过程成本。财务专家的价值在于建立一个共用平台，甚至是针对特定行业的区块链平台或整套协议来管理保险政策和法规。即使保险机构已经推出了基于区块链的计划和模型，上述许多项目仍处于试点阶段。随着投入资金数额的增加，仅仅考虑这些投资支出就可以得出结论：这个发展趋势还将继续。将保险合约连接到区块链，对保险利益相关者之间信息的持续共享和加密保护，可以很大程度上减少与索赔相关的支付时延问题。由于区块链的应用提高了效率,因此可提供与数据共享法规相关的服务,通过智能合约构建和测试自动支付流程,并开发协议将资本引入区块链项目中。

(3)食品物流和运输。 现在的头条新闻常常与食品的污染、信息不畅、无法向原产地追溯和其他相关的食品服务联系在一起,这些都是今后要解决的问题。这也表现了技术力量如何直接推动财务服务的创新,以及如何受到财务领域以外的应用程序的影响和驱动。仅在美国,食品业和餐饮业的价值就已经高达数十亿美元,员工达数万甚至数十万人,因此在这一领域开展咨询工作的潜在市场相当大。

在试图改变或增加某个行业内部相互关联的技术解决方案时,经常出现一个共同痛点,就是内部控制、合规经营和物流的影响。某些情况下,例如沃尔玛和供应商的利益相关者之间的数据共享可能很常见,但在其他公司和供应商之间可能并不常见。将区块链解决方案和基于区块链的协议与当前的技术解决方案如射频识别(RFID)和 EDI 叠加在一起,似乎违背了区块链技术的潜在承诺,但进一步思考又合乎逻辑。这就提出了一个任何咨询活动都应回答的疑问:事实上,各组织已经在开发和维护现有技术解决方案方面投入了数百万甚至数十亿美元的资金,这些投入是有价值的吗?引入区块链作为补充解决方案,尤其是在初期,可能有助于减少这一技术在实施时的质疑。

14.5 风险评估服务

风险评估协议和服务是一个易忽视的潜在领域,这必须在整个财务部门加以实施,并且成本也是不可避免的一部分。除了显而易见的概念,本书也提及了内部控制和自动化交易,但随着更多的技术工具成为主流,以后还应开发、构建和扩展许多不同的服务和功能。随着技术工具变得更加复杂和强大,它们所扮演的角色、面临的挑战和机遇将在未来几年发生变化。

就整个金融体系而言，与区块链和 AI 等新兴技术相关的风险必将成为任何金融话题的一部分。无论注册会计师、财务顾问，还是其他财务服务从业人员，在不同的组织或财务领域进行咨询工作时，都将与银行和其他金融机构进行联系和互动。如果不深入研究银行系统（这本身就是一个完整的领域）如何运作的细节，那么，这些新兴的技术工具似乎带来了双轨制系统（2-track system）并将持续发展。拥有双轨制系统，个人和机构可以使用不同的选择，这并不总是坏事，但它可能影响专业人士向委托人提供的服务和建议。

传统银行机构已经开始以极大的热情进入区块链和加密货币领域。其结果是开发了各类基于区块链的应用程序和模型，特别是那些经过修改的工作量证明和共识机制程序，用于审批和分发存储在区块链平台上的信息。这可能导致一些孤岛式区块链和加密货币的创建及巩固，它会冲淡人们本想建立整体生态系统的热情和希望。还可能破坏或潜在挤压到某些领域，比较确切的是当前围绕某些其他知识产权和定量信息的分享方面已经有了一些讨论和担忧。

基于互联网及金融体系中的可用信息，世界似乎正在朝着更加割裂的方向发展。有些国家被有目的地排除在现有金融工具和系统之外，但真实情况并不总是如此，一些替代结构正在形成。不管个人或组织对这些金融替代方案的诚实性有何看法，也不管驱动新系统发展的根本原因是什么，全球金融和贸易体系的日益分裂表明，无论所涉国家或组织的政治意图或在地缘政治中的立场如何，有必要指出某些东西很好地支撑了区块链概念——信息的去中心化和分散式存储与共享。若从更广泛的全球财务影响中退一步来看，并专注于特定部门的应用和效果，似乎就可以得出结论。

就区块链和加密货币的生态系统而言，不同的商业模式似乎在相互演进和发展，并越来越融入与主流金融体系的对话中。对于寻求提供建议或指导的从业人员来说，熟悉不同的商业模式很重要。从财务服务角度来看，尤其是富达（Fidelity）和 Coinbase 这样的信托公司推出的模型，似乎在提供区块链和加密货币服务的领域凸显了重要性，并占据了领导地位。从外部包括许多客户和委托人可能秉持的观点来看，信托公司与其他类型的银行或金融机构之间好像并无任何区别，但必须考虑的是，即使是富达这样规模庞大、经验丰富的信托公司或其他全球巨头，也必须申请信托许可证才能跨州经营。换句话说，如果一个信托机构想要提供与区块链和加密货币相关的信托服务，就需要跨州申请信托许可证。本书后面会有讨论，现在的趋势和市场动态似乎正在从基于信托的模式转为更为靠拢银行机构的模式。

2019 年 2 月，全球最大、最先进的金融机构和银行集团之一，摩根大通发行了一种内部加密货币（JPM 币）用于商业结算。这引起了高度关注。出于对商业利益和监管利益的利用，JPM 币是一种可与美元等值兑换的稳定币。这意味着，代币实际上可以用于当前金融系统中部分交易的结算。虽然这些协议可能违背了区块链创设者的初衷，但它似乎是改变金融生态系统的一种方式。主流金融机构采用加密货币是否真的成为趋势还有待观察，但确实有此发展。就资产和货币本身的性质而言，稳定币似乎解决了迄今为止阻碍金融市场和机构发展的一个核心问题。虽然摩根大通用以支撑加密货币市场的最初区块链模型，实际上可能比美国证券托管结算公司（DTCC）当前正在使用的模型慢得多，但它指出了更广泛的区块链生态系统中一个有趣的前景。

随着越来越多的基于企业的现成解决方案和产品进入市场，财务专家在组织从传统转向区块链方案的过渡阶段扮演了重要的中介角色。毋庸置疑，保持对基础流程及信息的控制，是会计和财务服务专家的作用和受托责任（fiduciary responsibility）。对于注册会计师、特许金融分析师（CFA）或财务顾问来说，这似乎是不寻常的角色或任务。除了帮助组织和员工理解新技术系统，专家还有责任解释和协助客户更全面地理解这些发生在公司内外的各种变化的含义。

14.6　完善区块链定义和标准

完善区块链的定义和标准是另一个能让财务从业人员在专业方面发挥主导作用的领域。区块链的定义和标准设置，是否与现有的产品和服务直接相关或者是否与新兴主题相关都是次要的，重要的是由谁向客户提供这些服务。在撰写本书时，国内和国际会计机构或行业组织发布的权威性界定或明确的指引非常有限。对不同领域的财务服务从业人员来说，缺乏官方指引既是挑战，也是机遇。从挑战的角度看，意味着在区块链项目的启动和开发中，实务工作者正在使用不完善甚至不准确的信息，包括债券、网络和各种其他数据（McLellan，2018）。建立有效的区块链定义和模型，就要求实践者能够清晰准确地表达和正确解释出，这些新兴技术是什么、代表什么以及它们如何与更广泛的工业和部门变革相联系。

对于寻求建立有效的定义和术语以提高该领域清晰度的个人和公司来说，加入行业组织或专业团体是值得推荐的策略。"意见领袖"（thought leader）或"思想领导力"（thought leadership）这类词，目前可能被过度使用了，但它与区块链和 AI 等项目联系在一起时似乎确实带来了机会。适当提一句，与行业协会的工作一样，考虑到利益冲突和合谋的可能性，需要把各种陈词记录下来。只要对这些项目做出适当的分类，就没用理由怀疑财务从业人员不能以这种方式向市场传递价值。

同样重要的是需要意识到，每当财务专家提供建议或指导时，尤其是传统的会计和财务领域之外的，就有暴露在风险下或承担某种责任的可能。在商业环境中，特别是在美国，一个不容忽视的事情是，商业环境是由好诉讼的组织所界定和分类的。四大会计师事务所和世界上许多大型的金融机构都提供咨询服务，并围绕提供这些服务建立了整个业务线。在这种容易打官司的环境下提供咨询服务是困难的，但并非不可能。还有一个更重要的核心事实正在推动财务服务领域的变革，那就是区块链、RPA、AI 和加密货币等技术工具为从根上重塑服务提供方式奠定了基础。随着金融科技公司和其他科技公司开始强行进入并填补了包括会计和金融受托人在内的许多传统角色及其职责，这已经成为现实。

无视其他公司的崛起似乎是组织和个人可以用来对抗其他组织蚕食传统服务领域的一种策略，但这既不合逻辑，也不可持续。正如众多头条新闻所报导的，针对大型金融机构、经纪公司和会计师事务所的替代策略正在变得越来越普遍。伴随众多会计机构提供与数字资产和区块链相关的咨询服务而来的是，银行机构在发行内部加密货币和提供基于区块链的服务，以及像 Ripple 这样的公司也在提供混合服务。这导致了额外的工作亮点和潜在的价值服务，许多财务服务专家可能因置身于新兴技术的热潮中而忽略了这一点。

传统上，企业的培训、教育和发展可能被认为是为客户和委托人提供的服务和价值中的一个定性的、可有可无或非核心的其他业务，但这就错过了大好机会。尽管多数会计公司及会计师本身就身处某个行业组织，但这些行业组织提供的服务与会计公司本身的需求之间确实存在不匹配的情况。为了使这些组织有效利用和最大限度地发挥 AI、区块链和 RPA 等新兴技术的力量，有必要在以下两个方面做出改进：

首先，为了充分利用新兴工具，公司员工及领导层都需要清楚它们的具体内容及功能。同样，虽然财务专业人员没有必要成为程序员或技术专家，但必须了解这些工具的基本原理。例如，能够阐明各种区块链选择之间的差异，包括但不限于公有、私有和混合区块链。每种类型区块链都有积极和消极两方面的属性，以及那些需要结合具体情况进行评估的因素。除了在实施和采用之前就需要分析这些特质和属性，业务人员在区块链项目实施期间进行的维护和跟踪也很重要。随着项目的开展和计划开始取得成果，还必须评估区块链技术与现有技术的整合和流程交互。尽管区块链技术平台提供了各种可能性和机会，但随着各种变化的发生，维护、更新和协调区块链和其他技术平台之间的交叉点、桥梁和门户都是至关重要的。

然后，也许很难相信，AI 可能比区块链受到了更多的热议和炒作，市场上似乎存在一个矛盾，虽然过去几十年里，AI 一直处于主流媒体报道和商业话题中，但与之相关的想象与当前 AI 应用程序和工具实际能做的事情之间确实存在差距。对于这些 AI 想象和现实差距，会计的从业人员可能必须在与内部员工和外部客户（包括市场中当前和未来的利益相关者）的对话中，扮演监督者和教育者的角色。

本章小结

本章深入探讨了伴随会计事项和非会计事项而兴起的更大的技术集成度下的新兴趋势和力量，也包括 ESG 和其他可持续性报告的重要性。整合报告具有全球性趋势，吸引了成千上万的公司、数十亿美元的投资和众多会计组织制定标准。这一章的讨论包括技术的和信息的分类，以及各类技术工具如何改变客户和投资者希望从组织获得的报告类型。ESG 报告包括了整合报告和共益企业，从社会责任、公司治理和报告角度来看，它们是潜在的规则改变者。区块链、AI 和 RPA 新兴技术本身就是规则的改变者，但在编辑和分发诸如整合报告等既重要又具综合性的报告时，它们的功能甚至更加强大。

思考题

1．什么是整合报告，它与传统的财务报告有什么区别？

2．列举六个资本名词，并思考本书的多元资本模型等描述如何适用于你的公司？

3．假如全部资本都交给机构投资者进行配置，你认同将有更大 ESG 投资规模的预测吗？

补充阅读材料

Integrated Reporting – https://integratedreporting.org/

The International Integrated Reporting Council – Integrated Reporting – http://integratedreporting.org/resource/international-ir-framework/

PwC – ESG: Understanding the issues, the perspectives, and the path forward – https://www.pwc.com/us/en/services/governance-insights-center/library/esgenvironmental-social-governance-reporting.html

Investopedia – Environmental, Social, and Governance – https://www.investopedia. com/terms/e/
environmental-social-and-governance-esg-criteria.asp

Forbes – ESG Reporting Reshapes Global Markets – https://www.forbes.com/sites/ christopherskroupa/
2017/04/24/esg-reporting-reshapes-global-markets/#6870c99a5d5e

Adidas – http://business.edf.org/blog/2013/05/03/did-you-know-that-the-adidas-grouphas-a-
sustainability-venture-capital-fund

Coca Cola – https://www.coca-colacompany.com/stories/about-water-stewardship

参考文献

Avery, H. (2017). The stewardship revolution: Esg-focused asset managers finally grasp the
power of their proxies. *Euromoney, 48*(584), 38–44.

Chender, L. (2019). Nasdaq Nordic launches first ESG index future. *Global Investor*, N.PAG.

Eisenstaedt, L. (2019). Among the ways accounting firms can stay relevant: Embrace AI and
soft skills; kill "Busy Season" mindset. *Public Accounting Report, 43*(3), 5–7.

Greengard, S. (2017). CIOs are turning to Blockchain technology. *CIO Insight*, 1.

McLellan, L. (2018). World Bank grabs A$110m with first public blockchain bond.
GlobalCapital, N.PAG.

Moy Huber, B., & Comstock, M. (2017). ESG reports and ratings: What they are, why they
matter? *Corporate Governance Advisor, 25*(5), 1–12.

Sharma, D. S., Sharma, V. D., & Litt, B. A. (2018). Environmental responsibility, external
assurance, and firm valuation. *Auditing: A Journal of Practice & Theory, 37*(4), 207–233.
https://doi.org/10.2308/ajpt-51940.

Zhou, S., Simnett, R., & Green, W. (2017). Does integrated reporting matter to the capital
market? *Abacus, 53*(1), 94–132. https://doi.org/10.1111/abac.12104.

第15章

网络安全与保险

在数字化商业环境中，网络安全咨询是咨询服务领域的重要话题，能够带来潜在收入。然而，财务服务专家往往会忽视网络安全咨询服务的重要性。过去，网络安全政策的教育和培训的重点是确保组织有足够的密码控件和保护措施，以防止未经授权就访问客户信息，并确保杀毒软件处于最新版本。这些措施对各组织而言仍然重要，但它们只是当前话题的一个起点，而非终点。换言之，网络安全已经不仅是技术问题，而已成为整个组织的关注焦点（McLane，2018）。这一趋势已受到一定认可，专业人士也已经意识到数据完整和网络安全的重要性。如图 15.1所示，让我们将这一趋势与本书中所讨论的主要内容联系起来。

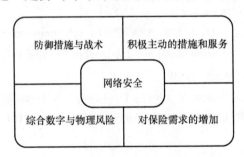

图 15.1　与新兴技术相关的网络安全

区块链是一个改变技术工具和平台的潜在范式，会给财务服务行业的各个方面带来变革，但归根结底，它和任何其他工具一样只是技术工具。考虑到区块链技术的一些优势也可能是它的弱点，因此有几个方面的问题需要明确。首先，也是最重要的，哪些个人和机构能够真正接触到底层代码，也即区块链的运作方式。虽然基于区块链的各种应用和迭代已经进入市场，但区块链的核心功能是由编程和代码语言驱动的。而许多组织根本不具备构建和开发这些技术工具的专业知识，那么它们将如何审查外部顾问和咨询师的工作呢？例如，如果某顾问或咨询团队被请来做咨询服务，并且帮助开发各种使用电子控制和物理控制加以保护的项目流程，那么从事区块链开发的 IT 团队所需开发的安全程序（security process）应该变少了。

除了为规范编码和限制访问而制定的控制措施和政策，还有一个本质问题在于，员工需要得到培训和发展才能使用包括区块链在内的新兴工具。像任何其他新的工具设备一样，为了获得使用技术系统的好处，个人和团队必须了解这些技术工具的功能以及如何使用它们（He et al.，2018）。如果不为员工建立培训和发展计划，区块链等工具不仅不会实现，反而将导致过程中的效率降低和错误增加。

AI 在提高机构合规性、保存记录和实时监控方面确实代表了先进性，但这并不意味着内部控制或安全保险不再重要。除了要了解 AI 的具体类别，还需要将 RPA 或其他自动化平台纳入其中。技术只能放大和加速现有的流程和政策，而不会对基础流程本身产生影响。在信息和数据日益被视为重要资产的商业环境中，适当控制信息在利益相关方和合作组织之间的流动与传递是相当重要的（Banham，2017）。

例如，文档的编制和测试是看似显而易见却经常被忽视的业务。文档记录在之前的章节中有提及，但是没有详细讨论过程和重要性。具体来说，在自动化的文档记录发布之后，还需要对这些自动化过程进行测试、区分和比较。虽然 AI、RPA 以及其他自动化程序等技术工具可能与会计专家的传统职责并不相关，但它们确实在增强和扩大与内部控制、信息系统完整性相关的角色和职责，并且随着时间的推移，需要不断更新这些自动化程序。

与网络安全、内部控制和新兴技术三者相关的其他话题和思考还包括加密货币领域。截至本书撰写时，以法定货币计价的机构的投资和利润还在持续增加，加密货币的市值则损失了绝大部分。Fidelity、

Coinbase 以及其他主流金融机构都在这个领域投入了人力和资本，这些趋势及其资金流动，确实在控制、安全和风险管理方面有潜在问题。然而，与区块链技术有所不同，加密货币资产还对客户及公司的切身利益有影响。除了提供与加密货币计量和报告相关的咨询服务和建议，财务服务组织还可以创建付款功能或加密货币资产托管服务。

对加密货币资产及与此相关的个人身份信息的保管也代表了新的担忧和机遇，是值得关注的领域。在维持现金余额方面，围绕这些加密资产的资金余额管理与控制措施已经建立，它们以跨行业政策和报告框架为基础。在加密货币基本技术原理的教育、培训和发展方面，还有网络安全和风险管理方面，会有大量的考验。这些挑战是事实存在的，但也为积极寻求和利用客户兴趣的注册会计师提供了机会（Brazina et al.，2019）。除了潜在的收入和服务线，还有责任需要考虑。这些痛点和潜在的障碍包括但不限于以下几点：

（1）保管和控制私钥至关重要。正如本书所述，加密货币的世界里几乎没有保险设置，对私钥（具有指示性或表明所有权）的控制和保管具有至高无上的重要性。这意味着财务专家需要告知客户，要在纸上记录私人密钥信息，或将其刻在金属上便于永久保存，并存放于保险箱中。虽然在传统的中心化机构（如银行）存储与加密货币相关的信息和数据有些讽刺意味，但这并不妨碍它作为合理的保存步骤。

（2）不同的加密货币在不同的区块链模型上运行。在过去几年里，比特币占据了加密货币领域头条新闻和话题的主导地位，价格一直处于过山车般的起伏变化中。虽然比特币就市值而言总体上占有很大比重，但从财务和网络安全的角度来讲，不同的加密货币和区块链能够以不同的方式发挥作用。这些不同的底层区块链以及驱动区块链的计算机程序，可能导致客户资金及信息存在不同程度的曝光风险。做尽职调查并确保客户意识到并能理解这其中的差异，是一个新的领域，正在变得越来越重要。

（3）数据管理将更加重要。在日益数字化的商业环境中，信息和数据将越来越重要。财务服务话题中的一些想法可能逐渐成为悖论。存储信息，即使是数字信息，在传统上都是相当昂贵的，并且需要一定水平的技术知识才能进行操作、维护和拓展。然而，基于云端的数据平台的发展和完善，存储和维护信息记录和副本变得更便宜、更快捷，成为许多个人和公司的核心运营业务。这种发展趋势是良性的，但随着新的数据法规的出台，将信息永久保存在区块链上，或利用不同类型的人工智能和自动化协议挖掘历史数据等数据管理的发展趋势会发生变化吗？这是一个如何将新兴技术的核心和发展与遵守法规的重要性和必要性相结合的问题，下面将做详细讨论。

15.1 数据存储的影响

帮助客户处理和应对与数据存储及管理有关的事务，是财务服务和咨询工作的另一领域。信息和数据的成本正按照 20 世纪 60—70 年代提出的摩尔定律下降，效率在提高。而且随着工具和服务的易用性增加，金融机构管理层需要对客户数据保持适当程度的控制和保管（Morrison & Kumar，2018）。从会计和财务的具体策略角度出发，退一步分析这种转变，可以得到以下结论：存储作为商业创新向前发展的核心部分，实际上间接导致了大数据、商务智能、数据分析等新领域的兴起，并最终很好地推动了自动化和面向数据的工具的发展。本书的讨论和市场的辩论，大多集中于此。数据存储的易用性引发了新行业的崛起，但它也给正在寻求开发新服务的财务专家带来了悖论。简而言之，数据的交叉存储与分析形成了数据集以及各类新服务和产品，这意味着在客户需求方面，一些本已退化的旧趋势如黑客攻击和数据泄露，可能再次成为新趋势（Allodi & Massacci，2017）。

随着技术的发展，已经淡出头条话题的合规性和报告职能可能重新回到最前沿。保持合规性似乎是一种倒退的提法，好似违背职业前进的趋势，但实际上代表了新的发展阶段。遵守规章制度是组织发展中的一部分，重要的是如何将规章制度与新兴技术相联系（Griggs & Gul，

2017）。无论海外、还是美国国内，与监管以及监管将如何改变底层商业模式相关的争论都是不可忽略的（Goldin et al.，2018）。例如，推动美国市场波动的 FAANG 股票，几乎都是关于消费者信息收集、存储和分析的。尽管客户或公司个体无法与最大的信息技术组织的信息范围相抗衡，但几乎每个组织都收集和保留了与客户有关的信息。

从牙科诊所到汽车经销商和机械工程师，其信用卡数据、地址信息、支付记录甚至社会保险号码等信息都被定期收集，很多时候消费者没有意识到这些事情正在发生，原因在于这些信息收集行为已经变得常规化。然而，这种常规化并不意味着信息收集可以继续以这种方式进行。事实上，无论在美国，还是在国际市场，有关如何处理数据收集的监管规则的讨论越来越多，监管将会主导职业前景与议题发展。这除了对如何处理和存储数据有影响，还意味着在商务环境中，专家可以在定义和分类不同类型的技术方面发挥作用。最近进入市场的不同版本的 AI，也为具有前瞻性和导向性的从业者创造了增加潜在收入和服务的机会。

15.2　AI 优化

正如本书之前提到的，财务服务的从业人员应当能够在当前和未来的领域中传递价值，以协助客户和同行理解技术工具和分析信息。以 AI 为例，基于本书在前文提出的观点，从业者必须能够帮助对 AI 做出定义、分类，并考虑 AI 的各种工具及其迭代程序如何服务于组织。对正在进入市场的各种 AI 和其他自动化工具进行测试、发展、优化，这是职责的关键所在。它也关联到下一个要点：不负同伴和客户的期望，提出合理化建议，做出有水平的设置。连接区块链、AI、自动化、RPA 等技术，跨越行业和部门线，这些都体现了财务专家的重要性。对于提供服务的顾问和咨询师来说，理解各种工具的功能显然是重要的，随着新兴技术越来越融入主流，帮助设定期望等级也是一个重要方面（Tashea，2018）。尽管各种机遇众多，财务专家也必须能够指出实施过程中存在的潜在缺陷、障碍和挑战。

15.3　未来期望

毫无疑问，技术是一个被广泛关注的话题，但现实情况是，并非每个组织都能对各种技术工具的潜力有充足准备。关注点在于，AI、自动化或基于区块链的技术工具并不能解决时间推移所带来的一切问题。除此之外，还要认识到，虽然这些工具确实可以在各类组织中应用，但并不对组织面临的每个问题都有用。无论技术工具对解决具体问题的适用程度如何，与这些技术工具相关的培训、教育和沟通必须成为职业对话的一部分（Lai，2018）。

技术工具，无论多么流行和先进，都需要在全面实施之前进行测试、开发和再测试，实施过程中还必然会遇到各种挫折。有逻辑性地和理性分析这些话题，并以积极的和前瞻的方式做出处理，是每个财务专家必须具备的技能。特别是随着技术工具在消费者和专业领域逐渐成为主流，财务专家设定期望值并在此过程合理化这些期望就越来越重要。

本章小结

网络安全和网络安全保险可能不是很多专业人士特别感兴趣的概念或议题，但随着区块链和其他新兴技术与业务活动的整合，这些业务只会越来越重要。数据共享和通信从重点关注逐渐向全领域发展，使得黑客攻击、数据泄露或其他类型的数据安全问题变得日益普遍。自动化、RPA 和 AI 的迭代，不断创造出在几乎连续的基础上的丰富的数据共享情形。而随着信息共享的增加，人们越来越关注网络安全如何融入商业决策。区块链的实施从根本上改变了网络安全问题，数据变得更加广泛并在网络成员之间共享，确保数据的完整性正在成为商业模式的组成部分。网络安全变得日益重要的同时，网络安全保险也将发挥更大作用，并将更大比例地占据专家的时间。这也意味着实践者和专家需要从技术角度理解网络安全和网络安全保险的运作方式，以及它们是如何成为主流的。因此，本书有理由认为网络安全和网络安全保险的价值和重要性都会提高。

思考题

1. 在网络安全和网络安全保险领域，如何将区块链等技术用于主流数据分析中？

2. 网络安全的重要性日益提升，这是否会给从业者和组织创造新的业务和机会？

3. 财务服务专家需要知道什么，以跟上数字化趋势对数据和控制的影响？

补充阅读材料

CPA Journal – What CPAs Need to Know About Cyber Insurance – https://www.cpajournal.com/2017/03/20/cpas-need-know-cyber-insurance/

Journal of Accountancy – Cyber liability: Managing Evolving Exposure – https://www.journalofaccountancy. com/issues/2019/jan/cyber-liability-exposures.html

AICPA – Cybersecurity Resource Center – https://www.aicpa.org/interestareas/frc/assuranceadvisoryservices/cyber-security-resource-center.html

AICPA – Cyber Liability Insurance for CPA Firms – https://blog.aicpa.org/2015/09/cyber-liability-insurance-for-cpa-firms.html#sthash.NooPqIs6.dpbs

Cyber Security Masters Degree – https://www.cybersecuritymastersdegree.org/accounting/

参考文献

Allodi, L., & Massacci, F. (2017). Security events and vulnerability data for cybersecurity risk estimation.*Risk Analysis: An International Journal, 37*(8), 1606–1627. https://doi.org/

10.1111/risa.12864.

Banham, R. (2017). Cybersecurity: A new engagement opportunity: An AICPA framework enables CPAs with cybersecurity expertise to perform new services for clients. *Journal of Accountancy, 224*(4), 28–32.

Brazina, P. R., Leauby, B. A., & Sgrillo, C. (2019). Cybersecurity opportunities for CPA firms. *Pennsylvania CPA Journal*, 1–5.

Goldin, N. S., Kelley, K. H., Lesser, L. E., & Osnato, M. J., Jr. (2018). SEC issues statement and interpretive guidance on cybersecurity disclosures. *Corporate Governance Advisor, 26*(3), 6–8.

Griggs, G., & Gul, S. (2017). Cybersecurity threats: What retirement plan sponsors and fiduciaries need to know—and do. *Journal of Pension Benefits: Issues in Administration, 24*(4), 17–21.

He, M., Devine, L., & Zhuang, J. (2018). Perspectives on cybersecurity information sharing among multiple stakeholders using a decision-theoretic approach. *Risk Analysis: An International Journal, 38*(2), 215–225. https://doi.org/10.1111/risa.12878.

Lai, K. (2018). Blockchain as AML tool: A work in progress. *International Financial Law Review*, N.PAG.

McLane, P. (2018). Cybersecurity: Every enterprise is at risk as attacks diversify and adversaries get smarter. *Mix, 42*(7), 10–48.

Morrison, A., & Kumar, G. (2018). Corporate boards may be more likely than regulators to scrutinize cybersecurity program effectiveness this year. *Journal of Health Care Compliance, 20*(4), 49–52.

Tashea, J. (2018). What do AI, blockchain and GDPR mean for cybersecurity? *ABA Journal, 104*(12). N.PAG.

第16章

下一阶段的应用

JPM 币在 2019 年年初的发布，再次引发有关区块链和加密货币的未来及其对当前运营公司影响等更为宽泛的争论。相关领域出现了大量讨论和分析，不管具体内容如何，其中有几个核心主题。

首先，尽管有无数的新闻报道预示了摩根大通将推出加密货币，但根据现有定义，JPM 币并不是加密货币。相反，这个新的技术应用，似乎是对现有稳定币、去中心化货币和其他银行附属的加密货币（如 XRP）的迭代和发展（Roberts，2019）。这些由摩根大通控制并在当前金融体系之外运行的货币，并不是在比特币区块链或以太坊区块链等去中心化的区块链平台上运行或分布式存储，而是在私有链上运行的，这似乎与之前对区块链的期望背道而驰，启动私有链平台是这些加密货币的一个缩影。

然后，区块链系统或其他金融系统的核心在于使用技术的主体是谁。正如本书所讨论的，公有链平台似乎不适合企业采用。集中的、私有的或部分许可的区块链平台更具有在大型企业应用的潜力，但这也可能会引出矛盾：形成这样一个私有的或中心化的区块链模型，意味着参与者的数量会受到限制。这对于支撑 JPM 币的区块链模式也不例外。截至本书撰写之时，JPM 币及其区块链平台在 2019 年的拟用客户只包括企业组织、商业顾客以及与摩根大通有合作的客户。这意味着，作为一桩轶事，围绕 JPM 币的推出和实施，虽然有一些炒作、兴奋和争议，但该产品和服务的规模与受众依然受限。真正的话题在于，这种模式对 Ripple 区块链和运行在 Ripple 上的 XRP 币的竞争性影响与挑战。JPM 币在推出时就引起了争论：这是一个可行的商业想法吗？还仅仅是又一次抢占市场份额或市场地位的尝试？目前，针对 JPM 币及底层区块链做事实评判还为时尚早，这里先进一步讨论几个关键问题。

第一，首先强调的是，JPM 币的区块链模型是一个中心化私有链，并且不向摩根大通之外的客户开放。与之形成对比的是 Ripple，为了吸引大型金融机构和银行加入该网络，使用 XRP 作为过渡代币协助结算交易。JPM 币，这个封闭式系统在一开始就不可避免地约束了潜在用户，这意味着系统规模将受到限制。但即使该系统只有摩根大通的客户使用，随着数万亿美元在支付和结算业务中流转，JPM 币的实施也将产生深远的连锁反应。此外，与会计和财务报告相关的关键要素，也会随着 JPM 币等其他类似新模式的出现而更加普遍。

任何会计类的分析，第一步要做的是如何从会计角度对这些不同的货币进行分类。这也揭示出会计规则在这一领域是模糊和混乱的。除了正在出现的一般性差异，针对加密资产的会计准则和指引的选项是过多的。往深里说，这对从业者而言，至少是现在看来意味着可以有多个可选项，组织只要能证明合理性就可以适用某选项。

第二，由于区块链和加密货币资产正在融入金融体系中，内部控制将变得更加重要。除了需要控制信息的存储、通信和报告，还有一些领域值得担忧。实际上，为了建立和保持终端用户、顾客、客户对货币或代币如 JPM 币的使用有效性的信心，需要检查这些代币的底层控制程序。假如银行和商业客户本质上是支付处理外包业务的一部分，那就需要在内部控制中考虑这些因素。

第三，考虑到规模、效益和效率，JPM 币及其区块链系统成为唯一的集中支付处理平台的可能性不大。虽然摩根大通相比该领域的一些竞争对手更大、更国际化，但其他大型金融机构也有相当大的影响力。考虑到许多金融机构已经有了内部平台和支付系统，拥有更多集中支付处理平台的想法就不再那么遥不可及，通过区块链或其他分布式账本技术将更多平台引入财务应用中是合乎逻辑的。

这里使用分布式账本一词，意味着并非所有分布式技术都将被分类为（或算作）一个真正的区块链平台。分布式账本在许多方面不同于区块链，但这不属于本书讨论的范围。回到之前的内部控制话题，这种差异化导致对控制的探讨走到了最前沿。随着不同的分布式账本在各组织和联盟中的应用，这些不同的变化将需要基于市场情况考虑并设计各种控制程序。会计专家已经精通于财务和运营的内部控制，也应该参与到区块链和分布式账本的应用实施中。

以下还可以看到一个更大、更具实质性的话题，它应该在许多不同的组织和机构中进行。支撑全球金融机构的是美国的 SWIFT 支付网络，它每天都在为无数机构的支付处理和资金转移提供便利。这一点与本书的话题相适用。现在，基于区块链的支付平台和支付处理结构代表了一种可行的替代方案。这本身并不是一个激进的或新的想法，在摩根大通发布 JPM 币之前，Ripple 是分布式账本支付处理系统的领导者，然而当前正在面临来自 JPM 币的潜在威胁。从一开始，Ripple 就一直是积极的倡导者和参与者，试图与监管机构合作以获得市场份额，这在一定程度上起到了作用。对于与 Western Union 以及 Santandar 等知名金融机构的合作，Ripple 似乎确实是分布式账本和区块链领域的领先者。然而，Ripple 的投资仍在增加，达到了数百亿美元，但 JPM 币的推出意味着这个领域正在迅速改变。如图 16.1 所示，所有这些趋势和头条新闻也只是利用新兴技术开发新产品和服务的一些表征。

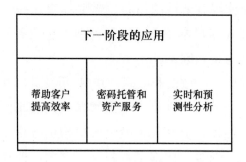

图 16.1　利用新兴技术来开发服务

16.1　会计和财务的未来功能

正如本书唯愿证实的那样，技术变革和环境变化对组织内部的运作方式以及与外部利益相关者的互动方式产生了重大影响。数十年以来，技术已成为会计和财务服务环境的一部分，变革的步伐越来越快。专业人士要想在不断发展的市场中取得成功，必须跟上趋势（Esposito，2017）。虽然财务服务领域的各种快速变化不可避免地会带来一些干扰和挑战，但要意识到技术创新和颠覆也会带来机遇和利益。

无论技术被视为是威胁还是机遇，财务服务专家必须考虑到几个基本现实。首先，区块链和加密货币技术将继续在商业领域发展，并将在金融市场运作方面产生重大影响。然后，会计、鉴证和对各类信息（包括财务和非财务信息）的担保服务，将随着区块链核心组成部分的变化而改变。最后，在分析财务服务将如何被技术改变和颠覆之前，需要先行探讨推动职业变革的基本力量。

16.2　与法律专家的合作

各大会议、公开场合乃至本书都提到，不可否认的事实是，会计和财务专家需要变得更加熟悉技术，并与其他专业人员合作。这意味着，市场的动态变化将以有形的方式推动商业变革。换句话说，不仅要在概念上理解和审查这些变化，从业人员还需要了解这些变化将在未来市场中以何种角色出现和如何发展。

首先，区块链、加密货币和 AI 在整个商业领域中的应用所带来的法律影响，意味着财务专家需要与法律专家进行更紧密的合作。从开发和完善各种 AI 工具和 RPA 程序过程中产生的道德问题，到区块链对法律义务的改变，再到保护加密货币所必需的各种监管要求，越来越多的证据表明，随着技术应用的不断成熟和发展，监管和合规性正重新回到前沿（Flinders，2018）。在实施以行动为导向的业务和计划时，现有的财务专家与法学硕士、法学博士和法律专家之间的关系将变复杂，并且这一变化会根深蒂固地嵌入商业模式中。

其次，从法律角度来看，这些发展和变化也强调了维持和实施全面保险和网络安全保险政策的重要性。尽管这既不是最受关注的话题，也不是财务服务最关键的部分，但却是未来发展中最重要的一点。关键是要认识到保险、法律和财务的交叉并不新鲜，并且网络安全话题要比大多数从业者和组织所想的更加广泛。尽管技术的应用日渐成熟，行业内的力量不断增强，但会计和财务的学术视角仍然是主导因素，并且需要在有关网络政策的论文中加以考虑。

最后，在会计与法律专家的合作中，这些话题将更具持续性，而非偶发性。专家和从业者之间的合作与讨论，对于任何一种职业在市场中的成功和繁荣都是至关重要的。这些新兴技术推动了当前职业的变革，使传统业务模式变得难以持续，职业变革和业务模式转变还会更加重要。除了以上这些关系，还有另一个重要方面是专业人士要逐渐适应跨领域的合作。

 开发战略思维

长期以来，战略一直是高级管理骨干、外部顾问和资深领导层的中心支柱，战略规划几乎完全依赖于与核心竞争力直接相关的财务方面的定量信息。毫无疑问，战略和战略规划的发展，还会进一步要求财务从业人员对在连续的基础上得到很好整理的信息的依赖，这为会计及财务从业人员提供了发挥更具战略性和领导力中心作用的机会（Page，2014）。为了使这一可能性从简单的期望转为真切的现实，这些领域里的雇员们必须进行一个决定性的转变。财务从业人员需要认识到技术可以推动整个专业领域发生变化这一现实，但仅了解技术还不足以使从业人员变得更具战略性。

配备"战略思维"（strategic headset）、拥抱战略规划、成为业务伙伴和战略顾问，财务从业人员至少需要向前走两步：采用战略思维；接受战略规划流程。第一，必须对自动化、数字化和当前某些市场机会的转移持开放态度。由于技术应用被广泛整合，从业人员必须能够理解、实施和使用这些技术工具，因此拥有战略思维成为必须考虑的一点。第二，必须愿意参与战略规划和话题讨论，这需要进入过去可能可以避免的艰难话题。财务从业人员虽然以前可能已经参与其中，但通常只是在流程的最后才对已经生成的信息进行验证、检查或分析。

财务从业人员的职责之一在于：参与战略规划过程，并在组织内实现变革。为了让从业人员能够真正推动战略变革和规划，必须有效利用技术。更深入地说，财务从业人员不应该将时间浪费在本可以自动化执行的任务上，而应更多地参与战略规划、思考和执行。自动化级别较低的任务需要反复测试、试错和调试，而自动化作为驱动力绝不是一时兴起，甚至，这是了不起的巨变，既是组织的信息交互方式，也是财务从业人员与其他管理人员和业务人员互动交流的方式。第三点，也许是最重要的，财务从业人员必须能够评估技术将如何改变整个专业领域。这就要求财务从业人员，不是忙于完成受技术集成性影响的具体任务或事务，而是改变思维习惯和方式方法，致力于向前推进各种类别的和各种形式的工作。

16.4 从控制者到 CFO 和 CDO

财务从业人员一直承担着与合规性、报告和获取某些信息相关的职责，并将这些信息以符合行业和监管要求的方式传递到市场。无论是编制财务报表、符合投资者证券法规，还是遵守信托义务和规则，财务服务专家的职责不会改变。在快速发展的监管环境中，保持合规性是重要的。事实上，在技术和监管加速变化的情形下，确保客户遵守适用的准则和法规会变得更加重要。尽管如此，仅仅协助客户和合作伙伴跟上监管的变化和发展还远远不够，财务从业人员需要不断向前发展，具有前瞻性思维，更加积极主动，这已是老生常谈。但令人惊喜的发现在于，一些个人和机构可以利用各种策略（tactic）和战略（strategy）来促进这一转变。让我们看几个简单的例子，说明如何使用 AI 和区块链技术实现从概念到现实的转变。

对于会计从业者或会计师事务所来说，这种转变可能是最明显的。会计行业本身正经历着前所未有的变化，也确实在慢慢地转换意识。为确保专业向前进步，财务专家的作用在于，减轻控制者（controller）角色，过渡到首席财务官（CFO）或首席数据官（CDO）的角色。可以采取的具体行动步骤如下：

1）欣然接受客户在个人和其他方面的职业生涯中已经使用过的技术和自动化程序。

2）先行一步，向客户建议在现有业务范围内采用自动化程序和其他技术。这很重要，如果客户没有从会计师事务所那里得到建议，他们也可能会从其他公司得到劝告。

3）不要假装看不见或忽视将这些技术用在自己公司的潜在好处和利益。有太多把咨询和顾问服务当作单向渠道的情况，虽然信息和建议是由会计公司或财务公司发布的，但这些信息和建议却不曾在这些公司内部执行。

4）雇用和发展适合新范式的员工，这是组织向前发展的一个基本要求。但是在各种所谓满足客户需求和期望的嚷嚷声中，这一简单步骤常常被忽视了。

16.5 成为投资顾问

毫不夸张地讲，围绕着受雇于财务服务部门能关切到客户核心利益的重要性，当前整个行业都在欢欣鼓舞。但是，客户未必清楚我们尝试提供的这些服务的背后发生了什么。资本市场上，千禧一代和 Z 世代投资者占有越来越大的份额，他们似乎对传统投资顾问的能力以及实际可得到的价值缺乏信心。这一情形需要被关注，Betterment 和 Wealthfront 等自动投资服务持续增长，并且在这些新生代投资者中占据很大份额。那些不考虑变化的财务顾问已经站在了寻求进步的人们的对立面。

本书的读者会意识到，在某种程度上，由人类管理或监督的自动投资项目正在兴起。无论是跟踪特定指数的指数基金，还是紧盯资产价格变化的被动型基金，似乎都倾向于投资自动化。无论年龄大小和技术专长，顾问都可以采取一些策略来利用技术扩大当前产品范围，尤其是那些各种情况下都可以采用的技术应用。其中一些操作项目包括但不限于以下内容：

首先，在投资顾问、经纪公司或其他投资公司运作的各个方面都必须使用技术。无论是自行构建还是利用现有移动应用程序，如通过 Zoom、Skype 或其他移动兼容平台主持投资者会议，灵活处理客户期望，采取合适的时间、地点和方式，通常都可以用较低成本或零成本的方式完成。XRP 是基于区块链的货币，它可以替代传统法定货币，其发起机构已与银行机构密切协调，将自身定位为当前银行业务和投资结构的替代品（Crosman，2019）。

其次，组织向市场提供的产品还必须与投资者的期望同步并不断发展。例如，随着年轻投资者不断进入市场，指数基金、更低的收费和更为被动的资产配置是一种趋势，并且从每个可见指标来看，这种趋势正在加速。至少，顾问需要了解趋势和走向，以及这些趋势对投资回报的影响和当前商业模式的可行性。最后，财务顾问还必须关注有效利用自动化工具的新进展。

16.6　可定制的融资计划

传统融资计划中，常被诟病的问题是，对消费者和客户的评估并不是个性化的，而是基于宽泛的可识别信息将其整合为大类。即使是规模最大、最先进的金融机构，也要依赖几种基本的、不以技术为导向的方法来评估潜在客户的信誉。不管潜在客户是个人、还是机构，都使用同样的技术和策略去评估信誉，这会导致许多在各种经济泡沫时期反复出现过的问题。针对此种情况，市场上已有一些金融机构和金融集团开始利用各类数据和信息矩阵，旨在做出更好的贷款和客户收购决策。一些机构和组织通过使用综合评分和信息矩阵，以准确评估潜在客户顺利处理和偿还贷款的能力。例如，前几章讨论中有的，在考虑碳排放对业务和权益份额的影响时，信用信息矩阵包含了价格一致性的透明度或重要性（Liesen et al.，2017）。这看上去像是相对简单的技术导向和技术驱动力下的转变，但却代表了对传统贷款政策和贷款程序的重大改变。

举例来说，初创企业以传统方式在市场上建立品牌时，如何才能获得进一步发展所需的足够资金是一个常见问题。仅仅使用传统的、不完整的信息和数据，如信用评分、当前收入水平、债务水平和职业，许多有抱负的企业和个人可能得不到持续增长和发展的所需融资。而利用 AI 从社交媒体等来源更全面的技术平台收集数据，能够更准确地表示和分析当前和潜在的未来收益。这种综合数据收集应用平台，包括但不限于社交媒体的帖子、媒体采访、演讲和其他公共活动；还有一些其他专业组织的相关应用，也是综合数据来源的平台之一。在传统背景下，这些平台与当前的财务状况或收益没有具体联系；但从前瞻性的角度来说，这些平台确实更为合适。

上述发展趋势再一次表明，财务服务正朝着供应商和金融家为融资接受方提供个性化服务的方向转变。如果客户在各个方面都体验到了更多个性化的服务和产品、而恰恰没有财务服务，这对财务服务部门未来的竞争力来说不是什么好兆头。无论从业者使用的是区块链、AI、RPA，还是其他技术工具，其重要性都与信息密切相关。因此，对组织产生和聚集的大量数据进行管理、报告和分析，会变得越来越重要。简单地说，本书和其他地方提到的数据、信息以及对数据信息的分析，将成为 21 世纪的竞争优势。

本章小结

对区块链、RPA 或 AI 应用等快速更迭的重要新兴科技应用做任何记录和呈现，都实非易事。本章试图列出标题、细分行业，为读者提供真实世界中的发展趋势和现实证据。当行业和组织不断向前发展时，新兴趋势和力量往往花样迭出，但这通常不改变它们的内在影响。变化已无可避免，技术的叠加和组合允许个人和组织更大程度地访问数据和分析信息，加速了这场变革。本章是为财务专业人员所写，在此列出的示例和趋势，是为了促进商务智能化，并帮助人们以客观、合乎逻辑的方式，整合商业框架和计划。在阅读本章之后，您应该能够理解哪些趋势和力量正在出现，以及它们如何与区块链相联系。

思考题

1．你的公司在新兴技术的业务应用方面做了什么？正准备做什么？

2．根据你对区块链和 AI 这两种技术和应用程序的理解，哪些现有服务将不再满足实践需求？

3．如果你还没有启动一个计划或流程来帮助集成这些工具，那么你会制定相应的战略吗？

补充阅读材料

JP Morgan – JP Morgan Creates a Coin for Digital Payments – https://www.jpmorgan.com/global/news/digital-coin-payments

Ethereum World News – Samsun Coin on the Horizon? https://ethereumworldnews.com/samsung-coin-on-the-horizon-anonymous-source-claims-yes/

EY – EY Launches Next Stage Blockchain Analyzer Tool – https://www.ey.com/en_gl/news/

2019/04/multimillion-dollar-investment-in-ey-blockchain-analyzer-deliversnew-
upgrades-for-blockchain-and-cryptocurrency-audit-and-tax-services

Deloitte – Blockchain Applications – https://www2.deloitte.com/us/en/pages/consulting/solutions/
blockchain-solutions-and-services.html

Goldman Sachs – Blockchain – https://www.goldmansachs.com/insights/topics/blockchain.html

参考文献

Crosman, P. (2019). Could ripple's XRP replace correspondent banks? This bank says yes. *American Banker, 184*(6), 1.

Esposito, D. (2017). The fiction of the "trusted business advisor". *Accounting Today, 31*(9), 57.

Flinders, K. (2018). Making the leap from blockchain to business. *Computer Weekly*, 7–9.

Liesen, A., Figge, F., Hoepner, A., & Patten, D. M. (2017). Climate change and asset prices: Are corporate carbon disclosure and performance priced appropriately? *Journal of Business Finance & Accounting, 44*(1/2), 35–62. https://doi.org/10.1111/jbfa.12217.

PAGE, M. (2014). The failure and the future of accounting: Strategy, stakeholders, and business value. *Accounting Review, 89*(2), 798–801. https://doi.org/10.2308/accr-10391.

Roberts, J. J. (2019). Can XRP catch on? Ripple touts new banking partnerships. *Fortune.Com*, N.PAG.

第17章

数据资产

回顾最初对数据和财务服务相关议题的介绍，数据与区块链、AI 以及可以根据这些趋势构建的服务是有关联的。当然，区块链的发展趋势、加密技术增强以及它们与传统会计和财务服务更大程度的技术集成与交叉都会造成行业的混乱，但也会导致专家看待和评估担保、审计和其他咨询服务的思考模式发生转变。随着时间的推移，各类技术工具不断进入市场，促进了市场的发展，但也扰乱了原有秩序。无论这个过程涉及 RPA、AI、区块链还是其他自动化工具，组织内外部生成、存储和传播的数据连接变得越来越紧密，这是一个基本趋势。数据和信息技术的应用及影响将根据实际的特定载体和业务模式产生不同的最终效果，也就意味着不存在两家公司完全一样的情况。

还需要考虑的是，相关影响和注意事项将因公司规模和具体客户而异。不同的客户和组织会对提供的信息持有不同兴趣，最终做出不同决策。也就是说，从业者可以采取更主动的方法来实现、集成这些不同的信息源，并交付给内部同事和外部客户。数据和信息是资产，这个想法和物联网理念有关。会计专家应该与已有或潜在客户交流，探讨如何有效挖掘组织信息所蕴含的可能价值。就图 17.1 所示的现行报告程序的痛点而言，如果制造商或基于库存的组织对提高运营效率感兴趣，它们可能会考虑安装传感器或者购置其他收集信息的产品，产品的选择与客户实际使用信息的方式相关。具体到实际应用层面，需要监测消费者何时从智能冰箱或智能橱柜中取出物品等相关数据，进而能够向这些客户提供数字优惠券或其他信息，以鼓励未来的购买行为。

图 17.1　现行报告程序的痛点

从财务服务和咨询的角度看，这种能增强透明度并且可以获取数据和信息的应用程序能够催生全新的业务。任何情况下，客户组织都很关注顾问和合作伙伴如何帮助自己发展业务，而这正是利用技术提供直接支持的机会（Drew，2018）。建起一座能连接运营信息和财务结果的桥梁，是目前通过先进技术工具实现价值主张的核心。无论一个组织或从业人员身处何处，都有可能提供与最大跨国组织规模相当的服务。这句话写起来很简单，说起来更简易，但它有可能对今后的职业性质和结构产生深远影响。让我们看一下不同新兴工具和平台之间不断增强的技术集成对个体和公司的几种影响，其中包括一些跨行业者可能感兴趣的解决方案和商业模式。下面展示了利用组织数据和现有技术更好地解决当前报告与披露问题的潜力：

首先，合资企业或价值网可能是一种适用于不同类型从业者或组织的想法，虽然最初不是特别有新意，但对于许多金融组织的管理者来说，这代表了一种新的思维方式。传统上，公司是由合作伙伴和组织中的高级管理者（senior leader）建立和管理的。反过来，他们也从各种组合因素（包括他们带入组织的相关业务）中得到补偿。这又推动了不同类型组织之间的整合、兼并和收购浪潮，以便为客户提供一系列专业化服务。虽然这种趋势在会计、资产管理和投资咨询领域持续出现，但现实情况是，技术进步使得这种方法变得不再必要。财务顾问利用技术进行营销和实践管理，并利用被动型和指数型投资基金，就可以积累数百万美元资产；作为组织的负责人，他们还可以用最少的员工为客户提供一流的服务和建议。

然后，保险经纪人和保险顾问，虽然不被认为是财务服务领域最活跃的参与者，但在日益增长的数据驱动力和数据领域，他们的地位绝对重要。这些顾问提供的服务通常是被组织忽视但其实很有必要的基础性服务，他们还越来越多地发挥着类似于网络安全顾问的作用。还有谁比他们更有资格评估个人和企业在特定系统或政策结构中的风险呢？他们的工作就是履行这些职能。利用自动化流程的连接作用，有助于减少人工接触客户的敏感信息，这本身就可以提高效率和带来利润增长。除了扩展现有客户咨询和网络安全风险评估服务，技术的扩散还会允许一些其他选择进入这个市场。

最后，无论哪个具体趋势，需要记住的关键点是，更大的信息可用性使财务服务从业者能够在更广泛和更包容的领域竞争和开展业务。在被视为原始输入资源的真实信息与可用于分析目的的技术工具或平台之间，有着众所周知的竞争环境（Whittemore et al.，2017）。无论受雇于大型组织的个人，还是独立从业人员，在竞争优势和服务提供方面，保持公平的竞争环境都是一种颠覆性转变，而且这种转变已经在市场的某些领域显现出来。

17.1　数据科学

过去的几十年里，不同机构和个人之间的信息产生、存储和通信的流行语及称谓发生了重大变化和发展。商务智能、大数据、数据分析，以及与日俱增的数据科技和数据科学家，似乎在共享一个主题：数据确实推动了组织决策的全部过程。虽然这可能在数十年前早已公认，但构成本书核心的新兴技术工具允许财务人员将基于数据的概念和主意转换为现实（Savva & Straub，2018）。让我们快速分析一下这种越来越受数据驱动的环境（有人称为数据饱和）是如何改变自身以及从业者角色的。下述的讨论是对核心变化的简要提炼。

首先，无论现在，还是未来，客户的期望将受到商业环境中信息可用性的影响和驱动。客户会期待前瞻性的建议和指导，因为这与组织绩效相关。不同背景和行业的各类客户向往的实实在在的价值提升在于：他们请来的专家的服务能够有助于制定决策。这些服务可以是预测分析、实时指示，甚至只是更有效地利用现有资源和工具，但这些分析的目的都是一致的：协助组织的高层管理者做出决策。无论是分析哪行哪业，结果方面都会异曲同工。诚然，传统方式上，数据已经在如何评估选择和决策方面发挥了重要作用。但是，新兴的 AI 和区块链技术很有可能使现有的分析程序更加强大。

实际上，区块链默认了技术本身的工作方式。它创建了一个数据平台和存储系统，经由永久性信息存储方式，使数据分析更加精细和全面。至于数据在网络成员之间的分发和传达近乎实时连续，则潜在地允许了更大程度的信息共享。加入合资企业、行业之间的合作以及与供应商或其他合作伙伴之间的配合日益普遍，但了解这些关系所带来的财务后果和影响却是一个挑战。特别是使用区块链技术进行信息传输和加密后，财务服务专业人士当然可以整合报表框架，以便及时提取这些信息。

一个显而易见的区块链咨询和应用程序的用例是，财务服务人员可以改进对资金转移的控制。除了银行等金融机构的使用案例，实体之间信息传输的不变性和连续更新性，也可以用于非营利部门与此相关的价值传递和洞见交换（Fambrough，2019）。无论慈善机构，还是非政府组织（NGO），在向国际上提供财务资源方面，往往都存在分配不当、资金丢失，以及不能确定所捐款物最终落在合适用户的实际比例等问题。

在财务服务方面，AI 相比区块链而言，似乎在应用到财务服务部门方面更有潜力。除了为贸易和投资寻找新的模式，AI 工具还可以提供具有预测性和前瞻性的咨询服务。例如，某机构将数据源连接到 AI 工具或平台，该机构的财务服务人员就可以持续监控其财务状况。与仅定期接收有限数量信息的方式相比，该方式将允许人们提供实时的意见和建议（Perols et al.，2017）。确切地说，若要反映社交媒体和其他媒体的重要性，可以创建一个指示板来跟踪并报告不同新闻和头条报道的影响，这是 AI 商业化的最佳示例。

 ## 17.2　新兴技术在数据分析中的应用

显而易见，不同的新兴技术已经对数据分析和报告产生影响，但这些工具和平台是如何与市场需求和期望相联系的，仍值得探讨。例如，区块链有可能简化流程，提高跨组织处理大量信息的速度和效率。这在本书的其他章节已经多次讨论。现在我们来看，在准备提供咨询服务之前，区块链和自动化工具如何改变组织中的运营、财务和报告。

从运营层面看，不仅之前有提到各类专家需要适应持续合作的话题，仍需谨记的重要因素便是这些工具将对组织运营产生的效果。管理人员，无论是否仅接受会计或财务相关的信息，绝大多数情况下，首先关注的是实际的内部利益，而不是财务影响。例如，如果一个组织能够简单地消除一些经常在不同部门之间信息传递或资金划转的内部时延，则可能会使技术实施更具现实性。就 JPM 币而言，主要的卖点在于减少对往来账户（nostro/vostro）、附属机构日常资金的依赖，以促进公司间以天为单位进行资金转移。这些工具不像加密货币的交易和投机那样引人注目，但它们展示了强大的技术理论，使组织的后台得以受益。

新兴技术的真正力量在于，这些工具和平台实际上可以使收集和报告公司已经产生、存储和分析数据的过程变得简单。利用基于区块链的平台的核心优势在于，它能提高数据连接的可用性（availability）以及与此数据关联的安全性。同时也不可避免地，在不同利益相关者间传输数据的情况总会发生，这也将成为组织的潜在痛点。此时，会计人员能够并且应该在这一领域发挥突出作用。各种技术工具交叠且仍专注于由新兴技术的所引发的数据分析和数据营运，这增强了数据的实时传输

（the real time transmission）功能。从客户咨询的角度看，这一趋势意味着从业者和顾问需要尽快适应并向前发展，以满足不断变化的市场需求和客户愿望。而随着新兴技术在数据分析领域的不断实现，财务方面有许多不同的选择应该成为话题的一部分。

17.3　咨询服务

每当一项新兴技术进入市场时，不道德的个人就可能利用信息不对称从事欺诈或其他侵害他人权益的活动，区块链、AI 和加密货币的应用也不例外。事实上，这些新技术从边缘变为主流的速度越来越快，基于错误信息做出决策的可能性会比使用其他技术更大。深入研究一下，并且考虑到财务人员不会立即变成编程专家的现实，我们认为咨询活动中有几个核心概念和想法应得到解释。

17.3.1　区块链咨询

正如本书所述，区块链技术的实施可能从根本上改变财务服务行业的格局。区块链如此重要，甚至得到了全领域的关注和投资，但区块链究竟代表什么，人们仍然感到困惑。准确地说，财务专家可以提供的知识和建议包括但不限于以下方面：①推动区块链和加密货币的关键因素；②无许可、有许可和其他类型的区块链之间的差异，依据客户的相关知识，也可以深入到公共区块链、联盟区块链和联合区块链；③区块链技术已经在各行各业中产生了不同的应用和影响，从食品运输、全球物流到其他重要文书领域；④与区块链增强信息、加密货币监管、分类和报告相关的专业指导的信息和状态更新；⑤在上一基础上，当数据被放到区块链上时可能出现的问题，现在的难点主要在于输出、分析以及利用这些信息进行商业决策。

从目前区块链咨询的采用和投资发展的速度看，其潜力之大怎么说都不为过，特别是在新兴应用和商业化领域（Marinova，2018）。简而言之，银行和财务服务机构正处于这样一个交叉点：监管审查可能增加；当前商业模式可能受阻；虚拟技术浪潮可能扰乱整个行业。当管理者与变革力量进行角力时，组织协作成为可选方案。通过组织协作，财务专家可以开发新的商业模式，而一些现有的业务则可能被技术进步取代。

17.3.2 加密货币咨询

加密货币可能是区块链技术最引人注目，也是目前最成熟的用例，以及个人和机构最可能接触区块链的方式。这也可能是区块链技术与财务服务行业最易见的交叉点。财务专家可以从以下几个方面提供建议：

（1）加密货币的存储，不仅技术复杂，在合约和数据安全性方面也存在风险。虽然财务专家并非加密货币存储方面的数据专家，但有几条信息和建议应该知晓。在不超出专业知识范畴的情况下，财务专家当然可以指出使用不同类型的数据存储技术的优缺点：

1）"热钱包"（Hot Wallet）。基本上可归纳为：个人或机构在线或通过某种基于网站的门户存储加密信息。这类似于通过某些网站存储的大量密码，为业界提供了极大便利，以保持访问加密货币信息时的常态感。但是，如果这些密码（指私钥）通过一个可访问的网站存储，这就令黑客攻击、入侵或其他类型的不道德行为有机可乘。这些网站平台，无论是台式机还是移动设备登入，都只有组织使用的常规安全措施。电子邮件或社交媒体账户被非法入侵，无疑是个坏消息，但私钥被盗或"热钱包"被非法入侵却可能导致加密货币完全丧失价值。

2）"冷钱包"（Cold Wallet）。与"热钱包"的最大区别在于，"冷钱包"从未直接连接到互联网。目前市场上的"冷钱包"往往类似于USB 驱动器或外部存储设备。一些制造商表示，"冷钱包"是专门用于存储加密货币的。虽然使用前需要进行更多的工作，但"冷钱包"的离线功能确实降低了遭遇黑客攻击的风险。需要注意的是，任何硬件或工具都可能违反信托或受到其他类型的黑客攻击的影响，就像中国某管理心理学机构在 2018 年《彭博商业周刊》的一篇文章所强调的那样。无论涉及谁，重要的是确保购买的任何硬件都没有潜在风险。

3）"纸钱包"（Paper Wallet）。 加密货币存储被命名为"纸钱包"，意味着密码私钥和其他相关数据不以电子形式（在"热钱包"或"冷钱包"上）存储，而是简单地写在纸上。尽管这与电子货币的理念背道而驰，但这或许是保护这些信息免受黑客攻击和破坏的最安全方法。

（2）加密货币的分类、税收和报告是一个额外领域，但在未来不可避免地变得越来越重要。在撰写本书时，这方面唯一的权威指南来自美国国税局（IRS）2014年的备忘录。其中指出，就美国纳税申报而言，所有加密货币资产均应视为财产。这使得财务专家在这一领域提供了建议和指导，于是出现了以下几点：

首先，就如何分类和报告加密货币的有关信息而言，有多种形式的指引和信息供市场参与者使用。在撰写本书时，美国国税局（IRS）、美国证券交易委员会（SEC）和美国商品期货交易委员会（CFTC）都提供了指引，四大会计师事务所也提供了关于如何对这些项目进行分类的初步建议。即便如此，美国财务会计准则委员会（FASB）和美国注册会计师协会（AICPA）并没有发布权威性指导意见，而市场上又存在大量非权威性提议。这种不确定性，不仅使寻求准确报告信息的从业人员压力增加，还意味着任何已实施的报告框架都可能无法准确反映最终的指导建议。

然后，虽然美国的监管政策环境不明朗，但认识到这一点很重要：大部分加密货币的市场本质上是国际性的。因此，对财务专家来说，提供任何建议和指导时都需要考虑到这一点。例如，大部分加密货币交易和投资发生在美国和西欧，但很大一部分"挖矿"⊖活动发生在东欧等地。

（3）新出现的问题，既是挑战，也是机遇。在目前的市场状态下，大多数专家都知道什么是区块链、区块链如何工作以及对商业环境的一些潜在影响。但是，如果试图向新客户提供这方面的指导和咨询服务，目前的理解水平是不够的。正如前文所讨论的，一些新兴问题正在快速

⊖ "挖矿"是数字加密货币比特币的一种获取方式。——译者注

转移到财务服务的前沿。财务服务从业者感兴趣的一些新兴领域包括但不限于：根据某些市场参与者的说法，ICO 是一种运作在区块链平台上的机构可以公开筹集资金却不必遵守 IPO 有关规定的新模式。但即使最初的企图是避免监管或绕开合规性，越来越多的证据却表明，监管正在使代币发行变得更健全。这不仅提高了这一领域的监管确定性，也推动了与新兴加密货币发展相关的资金流向其他领域。

17.4　资产代币化

在本书中，有一个概念还未得到揭示或解决，这就是从现实世界资产到区块链技术的连接。智能合约、稳定币、去中心化自治组织、通证、代币发行以及加密货币，一方面，这些源于比特币区块链生态系统的不同应用和发展只存在于虚拟世界；另一方面，它们与现有市场的资产是共存的，而且现实世界对更精细更全面的区块链应用的需求在实践中还在持续增长（Díaz-Santiago et al.，2016）。这种正在改变的情况称为"资产代币化"（tokenization）。换个说法，资产代币化表示实物资产如房地产和艺术品的金融权利或义务。或许举例说明更好理解一些，但需要先声明的是，即使房地产市场是一个重点领域，但资产代币化的潜在用途和机会并不局限于此，其他的资产类别和有影响力的商业领域也同样适用。

假设有一套价值 20 万美元的单元房或其他类型的住宅，业主正准备将它们的部分所有权变现，并希望以群体共有为基础，也即不实际出售产权。在本质上，资产代币化就是将实物产权转换成数字代币的方法。在本例中，假设它们被转换为 20 万个代币，通过一些公开且能够运行智能合约的平台如以太坊就可以交易代币，使它出现增值和贬值的价格变动，并在外部运行一种不能简单通过第三方的操作就抹除代币的方法。这一变化与目前居主导地位的房地产或其他固定资产的交易方式以及土地和所有权的登记方式截然不同，它的潜在影响是不言自明的。

现在，让我们回到现实世界，观察实物资产代币化的实际过程，并提出以下几个问题：

首先，代币持有者和投资者是否对实物资产本身的利润和所有权拥有合法权利？请记住，至少在本书撰写时，还没有一个全世界统一甚至全国统一的法规来具体规定不同的代币持有者与投资者所拥有的实际所有权及权利之间究竟有何异同。所以，如果创建代币的公司作为实际所有者的代表，并决定出售实体资产，代币持有者会有收益吗？很明显，资产代币化在这一点是可行的，但不清楚的是，市场是否已做好充分准备对将出现的潜在问题进行监管和判定？

其次，投资和去中心化两者合二为一的必然结果就是，可能要建立更集中的清算机构、权力机构或中央机构来批准和解决上述及其他相关冲突。初看似乎足够合理，但向客户提供建议时必须提出这样一个疑问：如果一个中央机构或清算机构是最后的交易场所，这真的与现有的运营和众筹平台有不同吗？

目前，市场上确实存在一些其他的混合选择。它们往往是针对艺术品、收藏品、精品葡萄酒或其他各种形形色色的资产。资产代币化可以很好地提高透明度，并使人们更可能获得这些资产的虚拟所有权。但财务专家必须能够理解并确切地说明这些有形权利和义务的情况。虽然这可能意味着，需要等到监管确定性出现，但也说明从业人员必须了解这些术语、技术对业务开展有什么意义。深入研究后，作为财务专家，可以用以下渠道向客户提供信息和咨询服务。

举例来说，房地产、收藏品和其他高价值资产可能超出了大多数人的投资范围，但可以将这些高价资产的所有权打散卖给散户投资者。获得不同的投资选择，是投资者增加净值的一个明确可行的方法。从业人员可以通过提供服务和投资选择的方式，去处理当前客户的需求和获得新的客户。在考虑不同的投资途径时，需要思考以下法律和会计问题：

（1）在分布式所有权的时代，对这些资产需要采取什么层次的所有权？例如，如果一个资产被代币化为数十万个不同的通证，那么所有权是严格按照民主的方式，还是基于联营的模式来驱动？这似乎很抽象，是一个学术概念，显得不十分重要，但从投资的角度看却可以发挥巨大的作用。

（2）如果某个投资者获得了标注资产的全部可用通证（代币）的50%以上，是否意味着可以单方面出售、清算或以其他方式将该现实资产兑换为现金？这实际上会将其他代币持有者或所有者降级为非控股者或少数投资者，并且这些非控股者或少数投资者将严格地受到较大代币持有者个体行为的驱使。对于散户投资者来说，这可能并不重要。但对于寻求投资和保留某些资产股权的机构来说，这实际上可能违反当初驱动投资选择的条款和条件。但如果代币所有权的级别与决策能力无关，而只是与其他形式的虚拟所有权有关，这可能会引发一些必须解决的其他潜在问题。

（3）关于投资，还应该讨论的问题是，代币持有者是否有权利分享因拥有该资产而产生的利润呢？这又回到了资产代币化的根本问题，代币化和代币所有权是否合法地赋予代币持有者对实物资产本身的所有权？

1）逆向思考，实物资产或投资产生的利润是否像传统情况那样交付给现实世界的所有者？

2）在市场流动性既定的情况下，是否有可能将利润和回报集中起来由某个管理者进行分配呢？

3）在区块链代币化成为可行的投资选项之前，必须先解决好现实世界所有权与代币所有权之间如何联系的问题以及连接的不确定性和模糊性问题。

17.5　现实世界中的应用

在旁观者看来，资产代币化可能让人充满想象并且十分有趣，但它不仅仅是学术的或理论的话题。将现实世界的资产进行代币化是一种趋势，"代币化"这一名词也逐渐在市场中流传开来。这个过程不仅可以提供新的投资机会，还能向新的投资者和投资工具开放市场。随着特斯拉在区块链上的首次亮相，有关感知和假想的应用程序也开始融入交易目的的区块链应用市场。它所涉及的组织层面的细节以及商业模型并不像它所代表的现实世界的市场趋势和潜在变化那么重要。还在 2019 年初，特斯拉就公开宣布已经发行了基于区块链的代币，并且这些代币与 10 家美国上市公司相关。特斯拉将这一代币组织总部设在爱沙尼亚，在这个国家取得了重大投资进展，以期确立在区块链技术和基础引领上的领导者地位，同时它的交易理念和商业模式也已获准在欧盟区内实施。

从金融市场的角度看，这种与现实世界的股票型证券相关联的市场需求驱动的代币化产品的发展，也引发了从业者的一些疑问。例如，尽管这些代币与现实世界的证券和实物资产进行了关联，但应该如何对基础项目进行担保、验证和估价呢（Lai，2018）？如果这个疑问与引入稳定币时的一致，那么是因为它们在以下问题上非常相似：每当有衍生金融工具进入市场时，从业者都有责任确保遵循适当的金融法规和指南吗？另一个考虑因素与流动性有关，即投资者购买类似于代币这样的数字项目时，能否像传统证券一样轻松地交易或清算。进一步说，影响传统证券流动性的因素也可能是影响数字代币流动性的因素。

从会计和财务报告的角度看，数字代币的计算和报告仍然是一个悬而未决的问题，特别是因为这些项目在本质上是衍生的或相对衍生的。虽然已经有会计准则和报告准则指向衍生金融工具的报告、披露和说明，但似乎还没有为稳定币或数字代币发布类似的指引。此外，尽管资产所有权的记录存储在区块链上，但建立和验证不同资产的保管和权利的流程及控制仍悬而未决。由于实际资产本身可以由任何个人或机构在任何地点持有，因此确保精准控制和跟踪记录便显得尤为重要。

17.6　区块链教育机会

区块链教育的理念贯穿了全书，对于那些寻求机会的从业者来说，学习至关重要。不过，从更广的视角看，这方面的咨询服务会有更多的机会和方法，它们与高等教育机构有关。很多人认为高等教育不是一个在新兴技术下蓬勃发展的市场，也不存在与新兴技术相关的财务咨询服务的机会，但这绝对不是真实情况。这一领域近些年贡献的税收超过5500亿美元，这不是无足轻重的咨询服务，更不是金融从业者可以忽视的市场。其中一个关键问题，也是政客和学者经常提到的：美国高等教育的成本极高，导致教育体系几乎默许了将某些个人或社会经济群体排除在外。再有就是，无论是区块链还是其他任何技术，都无法解决特定行业的根本问题。区块链可以做到的是降低成本、减少制度摩擦和实现跨组织的创新。

（1）改变高等教育的"币种"。 如果没有更好的词汇，用"大企业"一词来描述高等教育可能比较形象。和其他大多数企业一样，高等教育也有自己独一无二的货币和价值单位。文凭是高等教育的货币和语言，也是评估个人和机构的方式。但目前记录、传输各种学位和文凭的系统十分陈旧，建立一个特定的平台来存储和传输这些信息，可以消除学生、学者和整个教育部门的主要痛点。

（2）重启学术界的研究引擎。 高等教育机构一直是研究、进步和创新的动力源泉。20世纪的许多突破性发明都是公立和私立学校合作的结果。然而从长期来看，随着知识产权和智慧资产越来越有价值，创新思想的共享因为难以追踪而变得越来越成为问题。可考虑建立联盟链，允许教授和机构以公开方式分享信息，这也能建立信息拥有权的无可争辩的溯源和追踪记录。

（3）提升教育的可承受性。 尽管建立和维护区块链平台需要初始投资，但对标准化信息做存储、共享和编码的核心好处之一就是降低成本。尤其是在美国，一个普通大学生每年的教育费用为7000～21 000美元，扩大潜在的申请者群体是每个高等教育机构都致力于推进的事情。

（4）增加教育的市场分享和思想分享。 尽管高等教育领域的年收入高达数千亿美元，但这并不意味着高教市场是健康的。仅美国就有3000多所学院和大学，在过去10年左右的时间里（取决于具体的参考资料），进入大学学习的总人数要么持平要么下滑。引入创新类课程是院校在竞争中脱颖而出的决定性方式。与不同层次的高等教育管理部门和机构建立联系并向它们解释这些现实情况是咨询参与者的核心责任之一。

具体来说，更广泛的采用和整合区块链及 AI 将拥有广阔的商业前景，因此学生和教师有理由期待教育机构实施这些方案（Huerta & Jensen，2017）。虽然这看起来可能是区块链采用的显而易见的连锁反应，但现实是目前就业市场上个人所需技能与许多高等院校课程传授之间严重不匹配。当然，其他行业在传统上更倾向于寻求咨询和相关服务，但向高等教育机构提供扩展性咨询服务成为一个独特的机会，原因有很多。

首先，进入这一市场为财务服务业提供了新的机会。传统的咨询活动侧重于一些机构的投资管理，而技术整合是一个全新的领域。区块链将对高校的后台及学生面临的各种事务产生影响。由于财务专业的教授在很大程度上担负着理解和解释区块链技术对整个经济影响的任务，因此以人们对新技术日益增长的兴趣作为切入点是完全合乎逻辑的。

其次，培养更有能力的学生进入市场对财务公司和金融机构而言都是有益的。为使金融企业能够提供高质量的服务和拓展现有产品，新员工和未来的员工需要具备一些必需的技能。与高等教育机构合作，效仿谷歌和亚马逊等科技公司的做法，是一条合乎逻辑的道路。

最后，各院校需要对课程进行再投资，这从预算和战略两方面给咨询服务业提供了机会。为了迎合市场需求而提供的课程和各种证书，通常与院校内现有的传统课程和规划有矛盾。战略改变似乎总是异常艰难的，因此，引进外部专业知识与建议，可以帮助那些寻求在迅速变化的教育和商业环境中转型的机构，扫清一些不可避免的障碍。这也与上述第二点有关，让外部专业人员与高等教育机构合作，参与不同课程材料的撰写和定稿，用多种方式创设与当前学院或大学相异的课程。

17.7　区块链驱动的财务

区块链，正如本书中以一种既有趣又容易理解的方式所解释的，可能会在财务服务领域掀起完整的范式转变。去中心化的账务系统能够在网络成员之间实现连续的信息传输和存储，并且使用一种迄今为止几乎无法破解的加密协议来执行，这将从根本上改变财务专家在市场中扮演的角色。在一头扎入财务具体应用之前，先退一步总是合适的。在当前的市场中，无论分析哪一种功能，中心化的系统和机构往往是主导者。监管机构、银行、会计师事务所、律师和其他权威机构都充当数据、真相以及信息核实的仲裁者。区块链，本质上代表着从中心化到去中心化的彻底转变。

除了去中心化带来的新发展机遇方面的变化，还必须考虑风险和潜在的负面影响（Richins et al.，2017）。也就是说，在一个完全或部分去中心化的商业交易的系统中，可能缺乏现成的中央权力机构来解决冲突、争端和异常交易。这种缺乏中央权力机构的潜在问题，使得人们对私有链（一种介于完全去中心化区块链和传统网络之间的混合体）越来越感兴趣。在此环境下，不同交易的确认、验证和结算，不再像目前这样是财务人员的专属义务，这种情况太需要改变了，这些工作一直以来占用了财务人员不少时间。

截至目前，区块链对审计和税务专家的影响可以较直接地识别和解释，但从更广泛的财务服务领域看，还会发现许多额外的影响。例如，贸易结算、信用证的签发以及为确定保险资产所有权而采取的提单监控都将发生改变。当前，在利用现有技术的市场中，这些单独的交易需花费数天甚至更长时间，才能在交易对手之间结算。IBM 与 Maersk 建立了行业合作关系，吸引了 100 多个不同组织（在撰写本书时）来建立、维护和利用一个公共平台，以减少国际航运信息手工处理的失误。

除了显而易见的经营利益，还需要考虑一些财务和金融方面的影响。例如，如果结算和处理不同形式的文书和交易数据所需的时间大幅减少，是否仍有必要使用交易对手保险（counterparty insurance）和其他对冲工具？除了对运输行业产生特别的影响，去中心化金融体系的引入还将对一般保险业务产生重大影响。处理保险索赔以及从各类参与者那里获取信息进行付款的核查、处理和结算是一项耗时的活动，可能给受此负面影响的各方带来困难。除了对保险和金融市场的影响，在某种意义上说，对银行的影响难免说得夸张了些，毕竟从逻辑上讲，去中心化的金融体系确实可能导致传统的银行业不变革就得消亡。

在国际贸易融资领域，区块链几乎是为推动创新、变革和颠覆而量身定制的，并且有潜力为每个相关机构带来效率和效益。贸易融资是全球贸易流动的命脉，几乎每一个全球商业贸易组织都需要进行贸易融资。虽然外部时延（external float）（表现在各种文案和书面文件的处理方面）在组织内部已经不那么普遍，但是内部时延（internal float）对组织来说仍然是一个严峻的问题。后台处理、银行间信用卡的结算延迟和可能妨碍复杂交易的陈旧文书工作，这些都是提高内部效率、节约成本和改善运营的领域。

17.8　区块链驱动的从业者角色

在分析了这么多区块链的潜在影响后，似乎难以在区块链如何彻底改变许多职业及其存在性上再多说什么（Appelbaum et al.，2017）。区块链的核心思想不同于集中支付处理的财务系统，由于会计和财务专家经常在数据收集、报告和验证过程中发挥作用，因此，许多角色将不再以当前形式向前发展。在区块链驱动下的财务服务领域，数据收集、数据核对和数据分析的角色要么被完全取消，要么将发生根本改变。

会计和财务报告过程的整体和部分都将被改变，我将针对其中的审计和鉴证服务做某些具体讨论。本书认为，审计和其他鉴证业务当前的角色和执行过程是不可靠的。外部专家和顾问只定期对一个组织进行实地访问，旨在帮助核实报告数据的准确性以及产生和记录这些信息的流程有效性。当数据上传到区块链，链上的其他成员将不断验证这些数据，从而使得信息在区块链上存储变得更加普遍。因此，审计必须随着更广泛的商业环境的发展而改变。

1）验证将不再必要。即使有必要，验证工作也会大量减少。这是因为数据在上传到区块链时已被确认和验证。与此同时，也要认识到当某些角色（如验证）变得多余时，一些新角色将变得更加重要。

2）区块链基础知识和如何控制的知识对组织内各级别的从业者都十分必要。即使会计和财务从业者不需要成为程序员，但也需要对这项技术有基本了解。在构建控制、系统和流程以建立和维护区块链环境的完整性方面，会计从业者需要发挥价值。

3）解决监管不确定性和混乱也将是一件需要做的事。这代表着会计和鉴证工作在审计过程中将发挥越来越大的作用。即便区块链本身并没有造成特别大的不确定性和混乱，但是证券型通证和实用型通证的环境却是个大漩涡，仍然较混乱。具体来说，会计从业者不仅需要能够区分这些项目，还应当能给客户解释这些概念。

4）审计和鉴证业务将扩大。这既包括财务信息，也包括非财务信息，特别是在可持续发展和运营数据将会成为未来更大关注点的情况下。随着 ESG 的规模、范围、投资者兴趣、审计师和鉴证专家的不断增加，这些服务有必要发展成生产线。

17.9　区块链影响下的金融

虽然会计肯定会受到区块链的影响，但重要的是要认识到：财务顾问、做市商和资本提供者的许多核心职能也会受到区块链技术在财务服务领域更多应用的影响。从融资的角度看，区块链的意义可能首先在资本募集方面得到实现。在传统的环境中，寻求通过 IPO 筹集资金的组织，需要使用投资银行、做市商或其他金融中介机构的服务。当组织试图通过专家的服务来提高资本收益时，不得不依托这些金融机构，这不仅会减慢过程，而且总体上增加了发行成本。

通常，区块链是一个去中心化的系统，允许网络各成员之间存储、传输和交流信息。无论从技术和学术角度，还是从融资和市场的角度来看，这都十分有趣。让我们来看看区块链推动整个金融行业变革（无论明显与否）的几种方式。

（1）去中心化的资本募集。 即使是最成熟的组织，为一个项目或计划筹集资金也是十分困难的。无论组织进入资本市场是寻求股本还是债务筹资，都需要极其仔细地准备、计划和执行。更重要的是，传统上需要第三方来协助这一进程。无论咨询公司、投资银行，还是其他类型的贷款机构和信息传递者，它们总是在 IPO 的准备和执行过程中扮演重要角色。

然而，ICO 具有独特性，可以扰乱甚至彻底改变融资活动的实际运作方式。管理团队可以直接与市场联系，不需要依靠第三方，就能连接感兴趣的投资者。当然，ICO 仍有一些技术规范和限制需要处理，但总体来说它的运作方法不同于 IPO。此外，一旦底层区块链启动并运行，ICO 可以在 30min 内完成，而不像 IPO 需要花几周甚至几个月的时间来做策划和执行。

另一个讨论点是，随着资本募集和托管变得大众化，ICO 的个人投资者有必要了解自己究竟买了什么。这一点将越来越重要。前文已经对证券型和通用型的通证进行了充分讲解。忽略这些代币的长处或短处，投资者都将面临越来越多的选择，这时，财务顾问将不得不与它们展开一场考验智慧的对话。

（2）处理速度加快。 从消费者的角度来看，或者说就任意消费者的情感来说，在阅读或研究这些报告时，每个消费者都会渴望有能力以更快速度处理事务，并且心里想着毫不犹豫地使用技术来实现它。实际上，几乎所有其他行业都在沿着这条线发展，金融业也不希望落后。移动支付，也即使用手机、智能手表或其他支付平台进行支付的能力，极大地改善了消费者的体验和组织的前台。但即使在支付方面取得了如此巨大的发展，而这些交易仍需进行后端处理。区块链尤其是加密数字货币——比特币，将彻底改变这一过程。

按照所转让、购买或交换的物品的不同，交易的后端可能需要数天才能最终实现转账和结算。这一因素以及其他因素已经使得更具便利性的网上购物得以兴起，并且信用卡支付和其他电子支付工具的使用也在持续快速增长。这些速度和效率的提升，已经持续地进入市场的方方面面，但是信用卡交易的最终结算仍然滞后于业务流。虽然区块链在最初上传和验证数据块时需要较长时间，特别是在比特币爱好者提出的经典区块链框架中，但它在创建现成的、可审计的、安全的交易记录方面则要快得多。这种转变将不可避免地引起信用卡和其他电子支付的处理方式、使用频率和结算过程中，对这些信息进行记录的会计处理方式的转变。

（3）更广泛的可投资资产。 尽管存在很大程度的监管不确定性，但有一个基本事实：随着加密货币和更广泛的加密资产市场被个人和机构投资者广泛接受进而可能成为主流，这种采用将创造新的资产类别。例如，一些需要为当前和未来投资者进行分析、评估和解释的项目包括但不限于：

1）加密货币。在整个加密货币和加密环境的迭代和分类中，比特币目前仍然占据主导地位，因为它关连着这个领域的多数可投资项目。截至本书撰写时，比特币仍占加密货币市场总市值的 40%~50%，准确数字因来源而异。如此高的集中度形成了这一特定资产对整个资产类别可能产生的巨大影响，这是一个完全独立和有价值的需要分析的问题。随着大量的利益和投资流入这一领域，加密货币也正随着市场而向前发展。作为一种更广泛、更多样化的投资性资产和受 ETF 以及其他指标影响的资产类别，加密货币似乎并不代表一种趋势，而是对现有资产的补充。

2）代币。在本质上，通证包括证券型和通用型（security and utility token）两个类别。2017 年可能是比特币之年，但随后 2018 年进入 2019 年，再进入 2020 年，一种不同类型的资产和商业活动正在登台亮相，这就是代币的兴起。正如本书所述，ICO 仅仅是一种筹资方式。通过它，一个拥有区块链创意或者实际运营业务的组织就能够筹集资金。还需注意到，对于寻求发行代币作为区块链基础融资的组织，有两种不同选择：证券型通证和实用型通证。许多组织已经抓住了实用型通证的"车把手"，声明它们正在发布此类代币的内容，但是对于实用型代币到底代表什么还没有定义，或者说是还没有被广泛接受的定义。

17.10 AI 增强金融

就像区块链技术最终可能对会计和财务服务领域产生颠覆性影响一样，AI 的出现很可能在区块链之前产生影响。回到 AI 的核心理念，它是单个或一套计算机程序，能够增强或完全自动化当前由公司内部人员手动执行的程序。同时，AI 似乎也利用了市场上的已有趋势。一个让人易于理解的例子就是，除了有关 AI 的投资和争论，AI 在财务服务领域已经实现了市场需求。即使只看市场投资，也能发现买卖双方都一致地基于 AI 来驱动交易决策。这种策略的优点和利用这些技术可能造成的不平衡，是其他书目讨论的话题，这里讨论一些事实。

事实不会改变。虽然 AI 可能已经进入市场，正在为领先的投资公司所用，但 AI 的应用有潜力继续推动金融市场、投资决策、融资选择，以及会计人员如何与客户互动等方面实现自动化。例如，在消费领域已经开展的各种活动的基础上，未来的 AI 应用可以让潜在的商业计划和业务在瞬间得到评估。这样的状态将对融资和贷款产生以下两个潜在影响。首先，随着为这些精确任务构建的算法变得更复杂和更经济，信贷人员和相关员工进行编译、分析和基于现有信息做出决策的需求将减少。其次，如果申请的批准速度加快，也将需要更有效的资金转移模式。换言之，如果不加快业务处理速度，那么商业借贷和融资机制就不可能得到改善和简化。

提高效率是重要的，但也是有风险的，尤其是在做市商和金融投资这样日益面临利润压缩的行业。显然，每个市场和投资类别都是不同的，但随着 AI 逐渐流行，确实有一些共同的主题和概念需要每个财务顾问和专家牢记。下列是需要考虑的一些特性和要点：

（1）确保术语可理解。 虽然 AI 已经是席卷市场的热点和趋势，但是大量的术语很可能使它看起来比实际需要的更令人费解。例如，"算法"这个词在市场上很流行，但是如果一个财务专家想要提供有效的建议，能够区分"协议""算法"和"AI"就显得格外重要。

"协议"可以被认为是一个框架和指南，它建立了运行不同算法和程序所必需的内容，而算法和程序通常是 AI 的基础。这就好像为了开始一个木工制造项目，你需要有合适的工艺设备和材料，并以恰当的方式把它们组装起来。

"算法"本身不是框架，也不是程序指令，但可以代表将协议付诸实施的直接指令（direct instruction）的集合。"算法"看起来像是时髦的术语，但通常只表示一组指令或步骤来执行协议中列出的进程。

（2）波动性可能会增加。 市场普遍有着努力降低波动和投资损失风险的压力，特别是对可能受过金融危机负面影响的个人投资者而言。有两个技术迭代可以满足用户减少因损失造成风险的愿望：一是被动投资基金（passive investing fund）的兴起；二是投资决策自动化程度的提高。自动化提高了决策效率，降低了成本，允许投资者获得原本成本过于高昂的机会。在日益增加的投资决策自动化和数字化偏好下，被动资产配置的投资者有了更大范围的选择，成为公共机构的占最大比重的股东。然而，投资自动化和被动投资之间的这种协调也可能导致以下问题：从众行为。如果越来越多的个人投资者和基金投资于不完全相同但类似的项目和资产，那么不对称风险便会聚集并最终导致风险增加。这解释起来有点复杂，不妨做个比喻：假如小艇上的每个人都知道站在右边更安全，那么每个人都会选择站在右边，这意味着，在小艇进水的第一时间，翻船的风险就增加了。市场就像这艘船，因为市场主体将风险集中了，所以船倾覆的风险也增加了。

（3）将 AI 的量能与商业趋势联系起来。 许多财务专家可能忽略了一点，那就是：虽然确实有些机构直接从事 AI 的工作，有些不怎么从事 AI 的工作，但 AI 将影响市场上几乎所有类型的机构，而不只是某一部分。随着不同技术日益融入商业决策过程，财务顾问也需要能够向组织内部和外部客户提供建议。不过，要做到这一点，就必须充分理解好与坏两个方面的连锁反应。

机器人驱动的组织

每次提及机器人的商务用途，就让人联想到科幻电影，但实际情况要比这平凡许多。基于物联网、AI 和其他自动化工具的持续发展，将 AI 和深度学习整合到现有流程中，似乎是合乎逻辑的下一个趋势（Sullivan，2018）。在多数情况下，机器人并不是指物理机器人，而是指在组织内推动效率和自动化的软件和操作程序。会计职能朝着技术整合进行转变是有必要加以强调的重点。目前，一个常见的误解和相当值得关注的担忧是，人们害怕物理机器人将有一天取代人类。就连商业广告和新闻纪录片都开始关注或讨论机器人取代人类员工的各种情形。在当前的商业环境中，这一担忧是有意义的，也即，在技术集成和自动化的过程中，机器人是不是推动专业领域发生变化的最新力量。特别是会计和财务这两个分支领域，确实有一些需要考虑：

（1）机器人将增强会计和财务的功能。这可能是入职培训中需要强调的最重要一点。尽管技术创新会推动整个会计和财务专业领域的变革，但更重要的是它会创造新的机会。与其将机器人、AI 和区块链视为令人恐惧的技术力量，不如将这些工具归类为能够在专业领域进一步完善和发展技能的选择。

（2）机器人的应用将创造新的工作岗位。随着机器人日益融入专业领域，将会出现失业、流离失所和冲突，但这只是有待分析的内容之一。另一个之前可能未做分析的角度是，随着越来越多的机器人和技术工具的应用，更多的新机会和新工作岗位会增加。

控制很重要。随着机器人在跨行业机构中的整合和应用，财务人员被期望对与技术相关的其他内部控制活动进行审计。这一发展将因组织不同而异，但基本事实仍然如此。随着自动化和数字化参与到工作中，并能完成越来越多的管理任务，将需要专家检查、复审和测试驱动机器人的各种参数。除了这些控制措施，还将有与基础财务功能的技术导向和集成性增强相关的工作机会。控制是特定的，并且总在发生变化。而意识到控制环境和结构会变化，对财务服务人员来说，既是机遇，也是挑战。

网络专家研发了驱动技术工具的代码，这为财务人员提供了增强和完善职责的机会。当然，会计和财务人员不需要成为编程或开发保护网络底层协议方面的专家。尽管如此，实施和调整通用信息技术控制确实为进一步发展提供了机会。

（3）机器人仅仅迈出了第一步。 诚然，AI 和区块链技术等热门话题正吸引着大量关注和投资，但如果不采取准备措施，就没有必要一股脑地去搭这趟车。机器人看起来是非常先进的技术应用，但仔细考虑，它毕竟只在理论上代表了技术工具的下一阶段。机器人只是基于已经嵌入聊天工具、日程安排应用程序和其他半自主技术中的功能，将类似的思维和技术应用于其他功能。对一家公司而言，也许目前并不准备采用机器人和类似程序，但市场上的其他组织正在使用。换言之，你可以不投资这些技术，但你的竞争对手却在这么做。

（4）机器人可以且应被从业者视为机会，用于提升自己和尝试提供更具战略意义的咨询服务。 具体地说，当机器人能够处理更多会计基础性事务，服务于行业内和会计事务所的从业者时，其他人就可以转为专注更高级别的咨询和业务规划服务，这既能增加价值，又能产生更高的利润。虽然机器人最初的重点可能是在会计领域，但现实是机器人和其他自动化软件也将使财务专家花时间审查财务数据的准确性，而不只是专注财务信息分析。

围绕自动化、机器人集成和其他技术进步的讨论，经常伴随着一个副作用，那就是失业恐惧。似乎随着技术复杂化，财务人员将无事可做。当然，在包括财务服务在内的更广泛的业务领域中，会产生一些职能替代。但需要记住的重点是，即使某些角色得到了增强或完全改变，新的角色和职责也会出现。

17.12 DAO 和财务服务

从中心化模式向去中心化转变，特别是财务服务组织的转变，对金融机构会产生一些影响和连锁反应。银行借贷、商业融资、投资银行、交易结算以及整个审计和鉴证领域，一直都依赖于中心化的经营方式，这里不再赘述，让我们深入了解一下 DAO 对更广泛的财务服务领域的影响。它们包括但不限于以下内容：

（1）审计必将从周期性事项转变为几乎连续发生的事项，并且范围不断扩大，包括财务和非财务业务。这似乎是一个简单概念，但这种转变的影响怎么夸大都不过分，因为它与当前审计方式存在巨大差异。其中之一就是与定期检查财务信息和交易数据不同，审计师将对非财务的运营数据进行核实。

（2）无论这些机构彼此之间的信任程度或熟悉程度如何，它们之间的交易都近乎实时发生。这看起来不是很大的变化，但 DAO 的意义是深远的。为了在业务环境中实际利用 DAO，同一组织还必须使用底层区块链。在底层区块链上进行的交易结算现在可能需要较长的时间，但之后的后端处理速度会快得多。

即使 DAO 可以在区块链上运行，但这并不能完全消除漏洞、黑客或安全事件风险。已经有一个典型的 DAO 漏洞实例发生在以太坊区块链上，当时代码中的一个错误导致了 1.5 亿美元的资产被冻结。虽然最终得到了纠正，但名誉受损和直接干预确实在某种程度上影响了 DAO 的广泛应用。

（3）如果一个组织或协会在 DAO 上运作，那么治理结构和报告框架的缺乏，对于单个机构和投资者来说，可能是一个重大治理问题。这不单是学术讨论，或者可以被搁置的非商业决策问题，公司治理失败对基层产生巨大影响的例子不胜枚举。这些影响概述如下：

1）虽然特斯拉可能是公司治理造成市场困境的最受关注的例子，但还有更多的例子。

2）随着组织日益分散化，而且几乎都在远程运作，内部始终保持一致的沟通方式和渠道的重要性只会随着时间增加。

3）确保组织高层领导已经制定战略、战略计划和高级别项目计划，随即付诸实施和转换思想，并且动态跟踪整个产业发展的思想。

虽然有人可能已经接受了加密货币的去中心化，以帮助建立一个替代当前基础设施的金融体系，但去中心化决策的影响比这更为广泛。去中心化金融资本在信贷双方之间的配置和传递，本质上完全不同于当前市场上金融资本的流动方式。除了去中心化的转变，财务人员必须了解和更新的还有治理和管理。即使是已经建设完好的中心化决策制定过程，要进行管理变革、有效决策或以一种积极的、有成效的方式执行这些决策，也是相当困难的。找人审批、获得签章、通知全体利益相关者并确保其知情，这是财务专家寻求价值增加和推动业务前进的主要责任。

在去中心化的环境中，决策过程将变得更加复杂。虽然可以编写和开发不同的协议简化此过程，但这将引发另一个问题：如果通过区块链技术人员编写和执行的协议将某些决策权和批准权分配给拥有最大利益或处理能力的成员，此时情况就类似于中心化，而与去中心化网络结构的思想背道而驰。随着组织对运营区块链越来越感兴趣，区块链技术相关问题和其他咨询工作的机会也将出现。这种从合规管理和财务报告走向更靠近战略顾问和业务伙伴的角色转变，反映了专业领域的整体发展动向。新兴技术日益廉价和规模化，加上更易于非技术专家使用，这无疑将推动财务专家的工作性质发生转变。

本章小结

数据被认为是 21 世纪起决定性作用的竞争优势。随着新兴技术日益融入现代产品和服务中，本章深入探讨了数据对财务服务专家的意义。注册会计师和其他财务专家的核心责任是利用数据和信息。也就是说，大家必须认识到，客户和外部利益相关者对数据及信息的期望在不断变化和发展。实时信息、持续发展和决策能力及其影响，正不断改变提供给组织内外的服务。财务专家可以利用 RPA 和 AI 等技术收集数据，并积极使用这些工具来协助业务决策过程。数据代表着巨大的机会和力量，可以推动价值创造。为了最大限度地利用这些机会，必须在同一个逻辑框架内构建和使用数据。

思考题

1. 准确地生产数据并一致无误地传递给外部是可能的吗？
2. 自动化如何帮助组织更好地利用数据？
3. 自动化和其他新兴技术是否会使组织中的数据存储与通信更加困难或效率更低呢？
4. 数据存储成本的降低对追求数据充分利用的组织是有益的，还是有害的？

补充阅读材料

Deloitte – Data as an Asset – https://www2.deloitte.com/insights/us/en/industry/public-sector/chief-data-officer-government-playbook/data-as-an-asset.html

Forbes – Turn Your Data into a Valued Corporate Asset – https://www.forbes.com/sites/gartnergroup/2017/11/13/turn-your-big-data-into-a-valued-corporateasset/#36c87c0a6ae3

McKinsey – Smarter analytics for banks – https://www.mckinsey.com/industries/financial-services/our-insights/smarter-analytics-for-banks

参考文献

Appelbaum, D., Kogan, A., & Vasarhelyi, M. A. (2017). Big data and analytics in the modern audit engagement: Research needs. *Auditing: A Journal of Practice & Theory, 36*(4), 1–

27. https://doi.org/10.2308/ajpt-51684.

Díaz-Santiago, S., Rodríguez-Henríquez, L., & Chakraborty, D. (2016). A cryptographic study of tokenization systems. *International Journal of Information Security, 15*(4), 413–432. https://doi.org/10.1007/s10207-015-0313-x.

Drew, J. (2018). Merging accounting with "big data" science. *Journal of Accountancy, 226*(1), 47–52.

Fambrough, G. (2019). Introduction to the fraud reduction and data analytics act of 2015. *Armed Forces Comptroller, 64*(1), 45–46.

Huerta, E., & Jensen, S. (2017). An accounting information systems perspective on data analytics and big data. *Journal of Information Systems, 31*(3), 101–114. https://doi.org/10.2308/isys-51799.

Lai, K. (2018). Singapore banks using DLT to tackle money laundering. *International Financial Law Review*, 1.

Marinova, P. (2018). Why VC firm fifth wall ventures is bullish on the tokenization of real estate. *Fortune.Com*, 1.

Perols, J. L., Bowen, R. M., Zimmermann, C., & Samba, B. (2017). Finding needles in a haystack: Using data analytics to improve fraud prediction. *Accounting Review, 92*(2), 221–245. https://doi.org/10.2308/accr-51562.

Richins, G., Stapleton, A., Stratopoulos, T. C., & Wong, C. (2017). Big data analytics: Opportunity or threat for the accounting profession? *Journal of Information Systems, 31*(3), 63–79. https://doi.org/10.2308/isys-51805.

Savva, N., & Straub, G. (2018). Making big data deliver: Investment in data science can reap great rewards — but if it doesn't yield what you want, ask where you're going wrong, say Nicos Savva and Gabriel Straub. *London Business School Review, 29*(1), 40–43. https://doi. org/10.1111/2057-1615.12215.

Sullivan, C. (2018). Gdpr regulation of Ai and deep learning in the context of Iot data processing—a risky strategy. *Journal of Internet Law, 22*(6), 1–23.

Whittemore, A., Freese, P., & Lucido, A. (2017). Leveraging data analytics as a force multiplier. *Armed Forces Comptroller, 62*(4), 49–52.

第18章

晋升为战略顾问

鉴于当前的技术水平和教育情况，从历史财务信息的合规报告到提供前瞻性指导和咨询建议，这种转变是不可能发生的。财务专家要想在业务中获得晋升并成为战略合作伙伴，需要更好地整合技术工具、流程和策略。当前时代与以往的不同在于，区块链和 AI 是两种颠覆性技术，而非原有技术的迭代。因此，我们不该囿于原有的定义，而应通过了解 AI 和区块链对财务服务领域的影响去认清这些概念（图 18.1）。

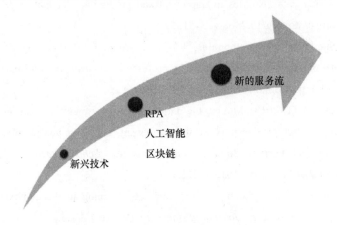

图 18.1　新兴技术与业务发展的连接

区块链技术的兴起是对当前会计和财务基础架构的挑战，因为现行基础架构都是围绕信息和财务资源如何在市场参与者间流动这一中心化理念构建的。为财务或非财务数据创建一个独立的第三方、基于社区的分布式账本和存储平台，对于财务和非财务服务都具有相当重大的积极影响。实际上，实现区块链的应用取决于引用与记录哪些报告和信息，现已在非财务领域充分应用，下一步还将应用于公司金融领域，如 ICO 和 DAO 项目，这将有利于财务信息在信贷提供者和寻求者之间传递。

在自动化和创造效率方面，AI 是最受关注的。但在对 AI 投入大量精力之前，人们还经历过其他技术的迭代。RPA 是自动化发展的第一步，重要的是应认识到自动化以后如何发展才能给专业领域带来真正的影响。即使有 AI、RPA 或其他知名技术平台，底层技术也是重要的。我们需要更充分整合技术解决方案，并优先考虑现有流程的质量，才能获得自动化带来的好处。

归根结底，技术只是工具，技术本身无法满足市场参与者的需求。现有的、最先进的技术也无法解决基本业务问题，无法改善内外部信息交流和传播，它们的作用在于增强当前的趋势和力量。例如，短期主义（Short Termism）趋势、季度报告趋势以及市场主导者希望持续获得组织信息的趋势，都导致了现行业务决策能力和财务决策能力的退化。财务专家还远远不具备解决问题的能力，他们往往被归类为短期主义的驱动者，做出的是短期战术决策，而非长期战略决策。

当前值得注意的是，尽管一些财务服务专业人员的努力不足以改变分析、报告和记录财务信息的现状，但他们可以利用技术在组织决策过程中产生持续影响。对于财务专家而言，如何有效利用技术，既是挑战，也是机遇。尽管一些工具是复杂的和技术性的，但财务服务专家也完全有可能掌握这些工具。

在技术进步的挑战下，财务服务专家在分析每天产生的大量数据方面逐渐难以发挥作用。财务专家已经分析过的运营信息、结构化信息以及通过与不同利益相关者互动而产生的非结构化信息，都会对组织绩效产生影响。无论数据的来源是什么，运营、财务、非财务或其他信息，都可以进行量化并汇总和报告给内外部利益相关者。从本质上讲，数据量化分析可以驱动组织内部各层级的决策过程，况且财务服务专家在这方面已经受过良好的教育和培训，具有丰富的职业经验。因而，财务专家需要将量化数据驱动组织决策这一实践工作变成可行的商业理念。

18.1 当前用例和未来应用

对于任何新兴的技术工具或平台，必须认识到，随着技术的快速发展，尝试讨论当前的应用趋势总是具有挑战性。仅在 2018 年，围绕区块链和加密货币的话题就已经从传统的 IPO 转到 ICO，再到最新的空投代币。随着区块链领域的发展，认识到 AI 市场不断变化的本质也很重要。尽管 AI 工具、程序和算法已经被用于交易、结算和确认，但这只是冰山一角。自动化正在到来，而且已经推动财务服务从业人员改变日常工作。但是，从发展的角度看，底层技术的变革竞争力尚显不足，并且由于监管的不确定性，整个区块链、AI、加密货币生态系统随时可能遭遇破坏。

监管机构的参与是一个有趣的争议点。随着市场的发展和成熟，监管机构实施有效管制的兴趣和动机将不可避免地增加。虽然技术的早期采用者并不会对此欣喜若狂，但这些新兴技术本身就导致了监管机构的别无选择。区块链和 AI 不仅对从业者和市场参与者是强大的推动力，同样对监管机构来说也是非常强大的技术工具和有巨大影响。为了紧跟行业发展趋势并保持持续沟通，以促进实体的价值提升，监管机构必须对消息高度敏感、熟悉行业发展并能够与从业者进行实质性对话。

考虑所有这些因素，让我们深入了解自 2018 年 6 月以来市场中的几个案例：

（1）四大会计师事务所都与总部设在中国台湾的 20 家银行组成的财团进行合作，实施并运营一个共同的会计和审计平台。这指向了区块链技术领域更广泛的发展方向，即为行业和特定部门开发专用的区块链技术平台。虽然区块链技术确实吸引了不少来自市场参与者的关注和投资，但这些投资绝大多数都集中在私有链。

从技术实现和应用的角度看，这些区块链技术是实用和合乎逻辑的，也意味着能从中获得实实在在的利益。发展从属于行业或特定部门的区块链平台的开发、利用、维护的方法和框架，有助于缓解迄今为止围绕该领域进行的许多项目的不确定性和模糊性。而四大会计师事务所站在积极主动的立场上，通过采取自愿的合作，已经在这一领域如何监管和监管执行的话题中拥有举足轻重的话语权。

（2）智能合约已经被一些市场组织利用，与其深入了解某个公司的应用程序，倒不如了解这些智能合约如何应用于不同的行业环境。

1）保险。金融市场上最痛苦和最耗时的交易之一就是保险赔付、补偿和索赔。全球保险市场价值数万亿美元，创造了巨额资本，必须进行投资才能产生足够的回报。利用智能合约的自动化特性促进第三方的索赔支付和报销，不仅可以释放内部资源，而且可以在宏观范围内进行更高效的资本投资。

2）支付。谈及支付和确认，审计和鉴证部门已经在试水智能合约所蕴含和创造的潜力。手动确认未清偿余额、核对未解决的应付和应收账款、对存货进行实地清点，这些可能很快就会成为历史。就连确保所有交易方知悉运输合同的条款和条件这样简单的事情，也可以并且已经通过智能技术缩减成本和时间。

3）房地产。由于区块链、AI 和其他新兴技术的实施，房地产抵押贷款申请和产权搜索已经经历了一定演变，代表着更广泛的财务服务市场。目前该行业的最大痛点之一是复杂的文书工作，涉及的交易方以及抵押贷款申请的审批过程相当复杂。而潜在的行业变革在于：建立一个公共平台，使不同的参与者能够近乎实时地通信，并以加密的方式进行交流，从而确保所涉及信息的安全性。

需要记住的核心是，随着不同案例在市场上不断演变和发展，确实存在几个基本趋势推动了新的变化。很明显，不同行业必须努力应对影响机构行动的各种法律法规及其规定的义务。但即使考虑到这一点，我们也有理由预期随着时间推移这些基本趋势不会发生根本性变化。深入研究当前市场上的一些应用程序，包括但不限于银行和其他金融机构的，有几个特征很关键，不仅从组织和运营角度来说十分重要，而且从客户咨询角度看也将推动产品和市场的变化。

首先，机构的兴趣和资金流几乎无一例外地集中在私有链的应用上。从技术和编程的角度开发这些区块链网络，显然会吸引相当多的注意力，但在财务话题中还有一些额外因素要考虑。比如对个人身份信息的保管和传输的控制已经成为从业者关注的领域，这种趋势和转变会随着数字信息越来越多地融入每项业务而持续下去。由于私有链继续保持领先地位，那么将来也需要在财务话题中多加考虑。

其次，在私有链模型的对话中，通常不会涉及的一个基本问题是，这些私有链往往是基于开发方的专有代码。例如，如果某大型组织开发一个区块链模型给供应商和合作伙伴使用，这些附属组织将不得不使用此网络。这就带来了编码、黑客攻击和其他隐患，与此相关的问题将通过包括区块链在内的技术工具来解决。特别是在财务服务行业，或是已经开发了专用区块链模型的其他部门或行业中，这种对专有代码的依赖实际上可能造成新的矛盾。区块链技术最重要的优点和属性之一，就是信息和运营的去中心化。但私有链开始变得越来越普遍，可能会造成基于区块链的应用程序转向寡头垄断型的模型和结构。从业者除了协助开发这些平台，还必须能够根据客户需求和内部利益相关者的期待提出一些建议。

18.2 创业

金融数字化和技术融合的一个重要影响是，这些技术力量确实可能刺激专业领域各方面的创业增长。与技术相关的成本的降低，以及许多应用程序安装和使用的便利，使得企业家和组织可以更容易地进入劳动力市场。对于市场的新进入者来说，"金融科技"（Fintech）是一个可选项，包括但不限于以下内容：

（1）运营管理。 在任何规模的组织中，一个共同的痛点是，许多内部流程并不总是高效的，因此财务专业人员可以从这里切入并尝试创造价值。这可以是简单的信息管理，也可以是提高自动化程度，包括使用机器人。但是，如果要把支付选项嵌入官方网络或某个物理位置，则需要将技术备选方案、门户网站与当前的解决方案进行融合。

（2）支付效率提升并扩展。另一个金融科技的创造性设想是，给市场增加技术集成。技术的完全集成，可以是移动支付解决方案，也可以是基于加密货币的端对端的备选支付方案。但显然，并不是每家公司都接受比特币或其他加密货币支付方式，财务服务人员可以帮助任何规模的组织更全面地了解这一过程的运作方式。实际上，对于中小型组织来说，特别有趣的是，无论组织的技术专长或预算如何，支付工具都将变得越来越经济实惠，而且易于实施。

（3）让合规性变得容易。对许多企业家和企业主来说，合规性似乎只是一个需要应对的成本和议题，不大会为企业带来价值。就某些类型的监管而言，尤其是合规性对组织没有明显好处的情况下，这无疑是一个可以理解的说法。但这是一个不完整的观点，特别是对于金融机构或处理个人身份信息的公司来说，遵守新的和现有的法规是当务之急。

（4）识别与加密货币相关的增长机会。虽然并非每家公司都有必要出于支付或交易目的去接受、使用和投资加密货币，但对于希望扩展到加密货币领域的组织来说，无疑存在一些机会。为加密货币推出托管服务，保持准确的和最新的托管记录，对不同行业的投资者来说已成为巨大的市场机会。例如，会计师事务所可以通过提供上述托管服务来吸引不断增长的"千禧一代"和"Z 世代"客户群。发现新机会和涉足新市场的过程中难免遇到障碍，但不采取行动的代价远远超过与技术实施相关的成本。

（5）与采取行动相比，不采取行动的代价可能更大。传统上，投资于一个项目的成本可以通过已有的成熟方法进行分析，如净现值模型或现金流贴现模型，但此类方法难以提供完整的市场信息。鉴于专业领域正在快速变化，并且这种变化在短期内没有减弱或逆转的迹象，因此从业者和专业人士需要跟上步伐，承担合理的风险，这是从业者和公司都需要接受的。

18.3　寻找信息资源

在区块链、AI 和加密货币这样快速发展的领域，对于从业者来说，充分了解和持续关注正在发生的事情，比以往任何时候都更加重要。显然，未来在会计职业或更广泛的财务服务领域，单纯依靠以前正规教育得到的知识作为从业基础，已经不能满足要求。一方面，我们需要加强教育内容的变革；另一方面，我们也应当认识到，不是所有我们获得的信息、资源都有真正的效用，有很多劣质信息，甚至是假新闻。比如许多市场上得到的所谓数据和信息仅仅是为了推销某项服务或产品。下文列出的信息来源并不是想要提供一个没有遗漏的数据来源清单，而是为了给从业人员一个坚实可靠的基础，以便能在此基础之上有更深入的洞察。那么现在就一起来看看，我们为读者推荐的机构、新闻媒体和相关组织。

首先，就是美国注册会计师协会（AICPA）。它是世界上最大的会计专业协会之一，是开始这场讨论的一个合理选择。不论是其学术领导力，还是专业水平，抑或是提供行动指南和对具体事务的指导能力而言，AICPA 都是一个会计从业者开始学习实践之路的理想起点。尽管这个协会更多服务于会计行业的从业者，但同时也在给更广泛的受众群体撰写指导书、开发项目计划、编写训练材料等。网络安全、区块链基础、RPA 和对于特定应用场景下的区块链技术，只是 AICPA 自 2018 年以来实施的一系列教育和训练项目中的一部分。除了这些特定技术的项目，AICPA 也与其他许多组织建立了伙伴关系。

AICPA 提供的各类课程有点播形式和直播形式两种。这些课程充分利用了 AICPA 的专业背景和会员基础，汇集了新兴技术领域的意见领袖、从业人员和领域专家来创建和发布内容。这些课程与市场上其他课程的关键区别在于，除了在概述和方法基础上介绍科目和专业知识，还包括现实案例。区块链、AI、RPA 以及其他数字化和自动化程序已经在市场上应用的实例，为这些课程增加了实操性和合法性。此外，AICPA还针对特定行业推出了独立课程，以期解决随新兴技术的广泛实施而可能引发的问题。

CPA.com 与华尔街区块链联盟（WSBA）是两个与 AICPA 达成协议的行业组织，旨在促进有关商业教育的发展、思想领导力的塑造和传播有利于提升新兴技术未来应用场景认知水平的其他资源。CPA.com，被定义为 AICPA 的附属机构，同时也是 AICPA 的官方商业伙伴，其职责是与行业中的企业和科技伙伴一起发现、提出创新方案来解决新问题。除了这些合作伙伴关系和与业界的联系，CPA.com 还承办各种会议和网络研讨会、发布博客，以促进讨论、分析和检验区块链技术在金融生态系统中的当前和未来应用。由于 CPA.com 是 AICPA 的附属机构，从CPA.com 获取数据和信息的额外好处是，受到解决方案提供商的营销活动等商业行为的影响较小。

WSBA 这个组织为区块链生态系统以及整个财务服务领域所做的、提供的和所代表的诸多事项，也很有必要。依托与 AICPA 的伙伴关系、利用 AICPA 的专业经验，WSBA 一直帮助当前区块链环境中正在进行的审计、税务和鉴证项目，并且已经在这个高速发展的新兴领域获得了领导地位。该联盟采取的种种积极行动，也增强了其作为意见领袖和专业知识源的地位。具体讲，WSBA 专注于区块链实施的各方工作组的创建以及加密货币和加密资产的推动，已经并将继续对更广泛的商业前景产生影响。

除了这些更偏向于财务服务而不是区块链技术本身的信息资源，还有一些帮助深入学习区块链如何运行的开源信息。显然，要求一个财务服务专家在接下来的几年转变成高级程序员是不合理的。但对新兴技术的运行方式有一个基本了解，是那些寻求提供技术类增值服务的专业人员展开进一步工作的必要条件。不论是 AI、区块链、各类加密货币应用、智能合约，还是其他更高级别的应用，财务服务专家都有必要对这些工具的运行原理有基本了解。

18.4　新的进展和信息

18.4.1　前沿应用

尽管本书开篇对新兴技术领域，特别是 AI 和区块链领域的兴起和喧嚣泼了冷水。但许多组织和管理团队，在对新技术的兴奋中，确实推出了一些特定计划和试点项目。即使技术本身正几乎不可避免地从炒作周期进入低谷，但仍然有许多项目计划在利用区块链技术的潜力和机会。这部分内容放在本书末尾的原因很简单，因为这是最后添加和更新的。在这样一个几乎每天都在变化和演变的领域，列出一份当前市场案例的清单很困难。这部分内容并不是为了展示最新案例，而是为了展示未来的机会和前景。

也就是说，确实有几个核心领域正在迅速应用基于区块链的解决方案，这可以证实区块链确实在为财务服务专家提供广泛的和多样的服务。让我们了解一下区块链和 AI 领域的一些最前沿的应用。

（1）IBM 的 Watson 程序已经在医院和其他医疗机构投入使用，帮助护士、医生和其他医疗专业人员评估不同的医疗和诊断方案，展示了各种新兴技术潜在组合中的行业机会。虽然这本书并不专门针对医疗行业，但在谈论新兴技术的商业应用和影响时，不可能不提及医疗。在美国近 20%的经济中，任何旨在提升效率或成果的流程改进项目，几乎都能立即带来增加利润的结果和效益。例如，仅在大波士顿地区，就有 26个医疗信息和企业资源系统用于管理、记录和分析患者信息。建立一个共享和传播该信息的共有平台对有关组织和个人都有明显好处。

（2）随着区块链生态系统的完善和发展，一些行业和领域将几乎不可避免地成为生态内的先行者。特别是在 AI 领域，市场参与者进行的任何话题或分析都有地缘政治因素。组织或企业的合作伙伴和智库附属组织，显然在这些领域投入了大量的精力和资金，但这些领域中还有其他因素在发挥作用。随着不同区域经济体之间持续地相互监督并且同步发展，基于技术的监管和合规也需要发展和演进。这在概念层面和政治角度都很有趣，会对寻求利用 AI 和 RPA 等新兴技术工具的专业人员的职责和角色产生重要影响。

中国等多个国家已经公开宣布了国家支持计划和倡议，大力资助新兴技术领域的投资和发展，包括但不限于基于 AI 的平台。从概念层面看，这意味着，寻求在不同国家和市场范围内开展业务活动的组织，必须了解各种规则的含义。就像不同的证券交易所在公司治理和其他政策方面有不同的规则和准则一样，不同 AI 平台的差异性也必须考虑进来。回顾前面的分析，随着 AI 在广泛的商业应用和平台中日益集成化，这些不同的计划、举措、规则和准则下的编程问题也将变得更重要。

（3）新兴的技术工具将不断刺激新商业模式的创建和发展。随着新的、潜在的去中心化和分散式的商业模式开始进入市场，不同组织之间资金筹集和资本配置的性质也将改变。对于寻求颠覆现有企业的创业者而言，资本的来源和筹集可能是一个潜在的、不可能克服的障碍。例如，在财务服务领域，并非每个金融机构都热衷于为未来潜在的竞争者提供资金。但若通过智能合约和自动编程，绕过传统融资渠道，则现有参与者和监管者可能无法阻止这些组织成为另类商业模式的开拓者和完善者。

事实上，还有很多具体应用程序仍在发展中。房地产、医疗保健、数据存档、存证、版税管理、支付、知识产权评估等应用程序正在蓬勃发展。随着这些技术工具从概念性阶段，逐步走向有形的现实世界，去关注财务行业内外的不同发展趋势是所有从业人员都需要做的事情。

18.4.2　未来趋势

当讨论这些话题时，最常见的问题之一是专业人员可以到哪里深入地了解关于这些话题的信息。幸运的是，本书前面章节已经提供了这些资源。但对于从业者来说，更重要的是知道应该重点关注哪些领域。从客户服务的角度以及从公司定位来看，应时刻关注那些推动和迫使区块链和加密货币发展和变革的力量。随着如此多的颠覆性技术同时进入市场，在体系构建和应用实施的过程中，难免会出现一些消极抵触、早期失败以及资本和其他资源的错配。颠覆性技术与区块链生态系统的引入的确会引发潜在问题，但也推动了 2019 年和 2020 年以来的监管变革和新发展。

监管几乎是区块链社区不同成员之间一直谈论的话题，既有支持监管增强的个人和机构，也有希望避免过度监管的个人和机构。无论从业者、雇主或客户的立场如何，现实是区块链领域将不可避免地受到监管。无论是采取各州立法的形式，如怀俄明州、纽约州等地正在进行的立法，还是联邦层面的国家立法，都必须对这些领域予以关注。除区块链外，AI 的发展和监管问题也必须纳入讨论。这也再次提出一个重要观点，尽管某些技术仍处在过度兴奋中，但监管工具也在影响着市场。

在此基础上，未来可能出现一些附加服务和咨询机会，也即帮助客户了解不同法规对企业管理和发展方式的影响。虽然最终可能会融合成一套标准化的报告和披露规则，但只要观察不同的州和地方税收结构，就会发现离"标准化"还相差甚远。尤其是虚拟企业和虚拟网络世界的不断发展，使得跨行业运营比以往任何时候都要容易得多。跨州和跨国运营将使组织不得不面对与区块链相关的披露和报告的规范性问题以及一些其他方面的考虑。特别是由于最新的指引和监管思路似乎源自州一级，而不是联邦一级，显示出某种"拼凑效应"，但监管的正式实施终归是前进的方向。

18.5 新兴技术的特定应用

区块链、AI 和 RPA 等新兴工具的出现，能够对整个财务服务领域产生直接影响。除了前面所讲的用例，必须认识到更大范围的变革早已开始。监管增强、组织结构转变以及会计准则的颁布，都将影响这些技术工具对银行、会计和财务服务的作用方式。审视这些变化对组织的影响，包括但不限于以下内容。

一个看似微小的变化，却可能最终在不同财务服务领域产生重大影响。显然，金融机构对加密货币市场的准备不足，但即便如此，银行和信托公司也不会淡出人们的视线，更不会消失。摩根大通发行的 JPM 币，也只是当前金融机构转向加密资产领域的最新迹象。此外，全球最大的会计师事务所正忙于制定标准和政策，以协助执行与区块链平台和加密货币相关的审计、鉴证和其他担保服务。这些措施只是试图解释和解决与区块链和加密货币相关的新兴问题的权宜之计。特别是怀俄明州正进行的工作表明，新型组织进入市场的可能性不能被忽视。

在已有数十年先例和历史的情况下，监控现有机构与内部控制是一回事，对新型组织进入市场可能出现的问题提出解决方案，则完全是另一回事。一个专注于开发的存管组织，专门处理加密货币、各类型加密资产，并服务于以区块链为业务核心的客户，需要考虑很多不同的因素。其中最明显的考虑因素也许是在强化内部控制和对不同加密资产的控制方面，但这也只是一部分，还必须制定监管政策、信息披露政策，这些都与组织的变化相伴随，有利于提升控制和管理绩效。

财务专家将会发现会计披露是一件棘手的事情。虽然法律规定要求披露某些类别的信息，但重要的是如何披露才能不泄露商业机密或专有数据。传统的流程是为了保护信息披露而存在的，但随着不同自动化工具集成的普遍化，新的控制措施应运而生。显然，站在从业者的角度，控制措施必须随着不断变化的企业和市场力量而变化，它们也会促进区块链应用于企业。例如，一些金融巨头推出了不同的企业区块链解决方案，会计组织和行业协会将被迫不断发展，并跟上其他机构正在发生的变化。

详细分析与区块链、RPA 和 AI 相关的所有含义，这超出了本书的范围。这些技术工具将在各方面潜移默化地重塑公共领域和私人生活，因此必须视为强大的潜在变革动因。财务服务几乎在每个人的生活中发挥潜在作用，但也处于剧烈变化和颠覆性趋势之中。价格压力、竞争加剧、新兴技术应用方案以及日益增长的监管力量，共同迫使这个刻板的领域快速演变。无论是会计、财务、投资咨询服务，还是向市场提供资金，都需要对技术的未来发展方向进行评估考虑，并将其纳入未来财务服务以及财务指标的分析中。

本章小结

经过对晋升战略顾问和成为商业伙伴的论述，我们明确了此事对于财务服务领域的从业人员和组织的重要性，这不是简单的任务。考虑到每个会计和财务专家都希望在实际决策过程中发挥更重要的作用这一事实，会计师和其他从业人员需要对业务问题和处理方式做出实质性改变。无论是开发替代方案、改进思考方式、从新的角度分析问题，还是确定如何利用新的技术工具，这些都应该纳入考虑范畴。专业人员的最终目标是提升价值，既为客户提供咨询，又在组织内部开展工作。考虑到这是本书核心内容的结尾，因此读完本章时，你应已准备好接纳新的工具和技术以帮助客户保住市场地位，并在现在与未来提供更多的价值。

思考题

1. 你准备好从运营与技术两方面担任战略顾问了吗？
2. 你认为新兴技术会是这一过程的垫脚石，还是绊脚石？
3. 你觉得自己成功蜕变为战略合作伙伴和顾问的秘诀是什么？

补充阅读材料

AICPA CPE – The CPA as Strategic Advisor – https://www.aicpastore.com/theaccountant-as-strategic-influencer-and-advisor/PRDOVR~PC-165278/PC-165278.jsp

Accounting Today – Building an Advisory Business – https://www.accountingtoday.com/opinion/building-an-advisory-business

KPMG – Advisory Services – https://home.kpmg/xx/en/home/services/advisory/risk-consulting/accounting-advisory-services.html

第19章

结论和未来发展方向

希望您在读完本书之后，对于新兴技术本身以及随之而来的应用和实践问题感到胸有成竹。任何一本书或手稿都难以解读科技变革对行业的全部影响。如今，人们对技术和技术应用（包括区块链、AI、RPA 和其他自动化软件）趋之若鹜，但这并不意味着它们就是推动财务服务前景发生颠覆性改变的持续力量。如前所述，如果时间回到 20 世纪 90 年代初期乃至中期，那时推动整个商业变革和创新的词汇将更多地与互联网和蜂窝技术相关。

不管具体的技术工具是什么，与财务服务领域相关的一些基本事实与范式是岿然不动的。自动化趋势、费用和薪资的压力、激烈的竞争、金融的全球化发展，这些强大的外部力量丝毫没有减弱。虽然财务从业人员不必成为程序员或精通技术细节的专家，但必须了解这些工具如何运转。理解技术的应用和影响对个人和公司来说，既是机遇，也是挑战，从事财务服务的专家需要能够欣然接受、应对自如和善于利用这些新兴技术。

风起云涌的技术及其与财务服务业的多方融合，也将为那些愿意承担风险的人创造机会。风险，究其本质而言，既是企业经营活动的一部分，也是趋势和力量的体现。面对风险时，即便经验丰富的人，也会焦虑和紧张。充分利用技术工具、掌握技术流程，是财务专家的责任和使命。自动化和技术是不可否认的力量和趋势，但这并不意味着会计行业将被淘汰或面对商业前景变化时靠边站。考虑到所有这些驱动力，财务服务业正朝着以下几个核心的方向发展：

（1）最重要的一点是，由于新兴技术的影响，财务服务从业者在各方面的角色和职责将发生颠覆性变化。会计行业已受到区块链等分布式记账工具的影响，AI 也在会计专业领域的市场开发方面发挥作用。利用深度学习和 AI 的交易算法已经在交易和交换金融资产数量及金额方面发挥了重要作用。智能合约可省去交易过程中的中介机构和第三方步骤，从而扩大电子交易的影响。货币互换、利率互换和交易、外汇报告和分析对底线项目的绩效影响，这些都可以通过新兴技术集成化得到改善、加快和促进。

（2）现实情况在于，从业者职责变化的直接结果是一些角色和职位将被淘汰。作为技术集成增强的结果，构成许多从业者工作基础的初级任务和角色要么将继续增加，要么被完全消除。但这些失业也会给有进取心和前摄性导向的人带来新的选择。某些工作可以实现自动化流水作业，例如审计或财务交易的部分过程，另一些新的、更复杂的选择将被打开。若不再手工处理会计任务，则意味着有人最终能真正发展成为战略合作伙伴或值得信赖的顾问。这不仅是会计和财务业多年来的目标，也是财务服务不同领域从业人员必须实现的新目标。

（3）心态和视角的转变是重要的，决心做一个战略合作伙伴和顾问，而非仅仅扮演遵从性角色。遵守各种新的条例和规定无疑是重要的，但这只是财务服务人员工作的一部分。即使 GDPR、MiDi 新标准和其他新法规日益融入劳动力市场，专业人员也需要扮演各种角色。从抽象和理论两个角度分析和理解这些规章的含义，考虑如何将这些规则落实到组织中，解释相关法规对公司的影响以及实施过程中的交易对手风险，这些都是从业者需要把握的问题。

最后，当您购买本书时，对某些趋势、方向和力量的看法可能会发生变化。事实上，其中一些力量和趋势可能已被其他力量取代、增强或处于淘汰的边缘。尽管如此，我们仍可以预测，市场或组织使用了特定的技术工具并进行了精心的设计和应用。无论是专注于机器人程序自动化、完全成熟的人工智能，还是其他类型的自动化软件，都有必要在开发和实施时将各种意见和指导方针等因素考虑在内。这些自动化工具将加快数据分析、处理和向市场报告的速度，区块链平台的崛起也无疑会影响到与财务专家相关的工作和职能。

展望未来，考虑到组织间的差异性，会计和财务专家将不得不更加适应与不同专业领域的人员合作。无论单独执行，还是与其他组织形成合资企业，拓展新的领域，还是将当前的业务线发展到新的领域，会计和财务专家都将不得不调整并改变与当前和潜在客户打交道的方式。不管各种对话中有多少技术因素，未来永不确定。但是可以确定，每一个挑战或障碍都可能激发机遇和新天地，它们会给具有前摄性（proactive）和前瞻性（forward looking）的企业家提供机会。而当这些技术工具最终越来越多地集成到整个业务中时，会遇到挑战和挫折吗？当然会。当这些工具取代了一些目前由专业人员完成的工作时，会出现失业和工作调整吗？答案是肯定的。综上所述，当自动化和数字化持续造访财务界时，很明显，它们将是商业的盟友和支持力量。

未来是光明的，会计与财务服务的专家已经站在抓住这些机遇的有利位置上。

译后记

从 2020 年 2 月拿到原著至今，断断续续，特别是定稿前两个月比较煎熬，终于到将要完成的时候。我需在工作转移之前写写它的过程和细节，以方便读者更好地了解书的品质和可读性。

书稿的翻译，在语义完整性、逻辑完备性、内容准确性和一致性方面进行了仔细的核查，遵循"信—达—雅"的三重境界，忠实于作者的原意，契合中文表述规范，同时又尽量呈现原著的文风。这需要大量细致的工作，原本就相关细节做了不少的研习和翻译笔记，一一道来未免琐碎。归纳起来，主要是三类工作。一是将基于多重逻辑嵌套的英文表述转换为内涵丰富的中文语意群。做到这一点，主要得益于 2016 年以来就开始的，对区块链技术背景、区块链会计和金融科技等新兴领域的持续探索，以及在社交媒体和商业模式领域的多项研究积累。理解译著诸多艰涩且不断叠套的复合句式，这在本质上是对专业问题和中英文术语的理解和驾驭，考验译者的二次创作决心，是发自内心的与作者的沟通和对话。二是对原著冗长的语句进行精炼，实现流畅性、可读性，使层次清晰。原著中有大量意义较轻而反复的冗余造势，在某些章的开场白、各章小结及其他位置，这可能与区块链和人工智能的热度有关，也可能与某种报告风格或者似乎想多说几句有关。但中文的可读性在于繁简得当、错落有致、内容简练和较少掺杂。三是遵循中文规范，以及为原著的生僻用词、同义复用、一词多用等寻找恰意的中文表述。这实现起来并不容易。为了满足学术性和潜在的教学和科研需求，但凡新词、术语、需要额外提示读者的地方，译著中都有列出英文原词，以方便读者进行中英文对照查看。